衣服的畫法

便服篇

歡迎再次光臨《衣服的畫法》！
這次是【便服篇】。
謝謝各位閱讀這本書。
各位不妨先模倣本書中基本的圖案……。
不是要各位按照一條一條的線條來畫……。
！普普！
是要各位學習服裝的形式和皺摺的畫法
卡基、卡基
哦！原來如此！
本書是為了激發各位畫畫時的想像力而創作的。
畫時不要想太多！只要各位把這些資訊融會貫通成自己的圖案，就能畫出既漂亮又可愛的圖畫！

衣服的畫法

便服篇

目次

第2章 內衣褲……99

第3章 運動服與裙子……127

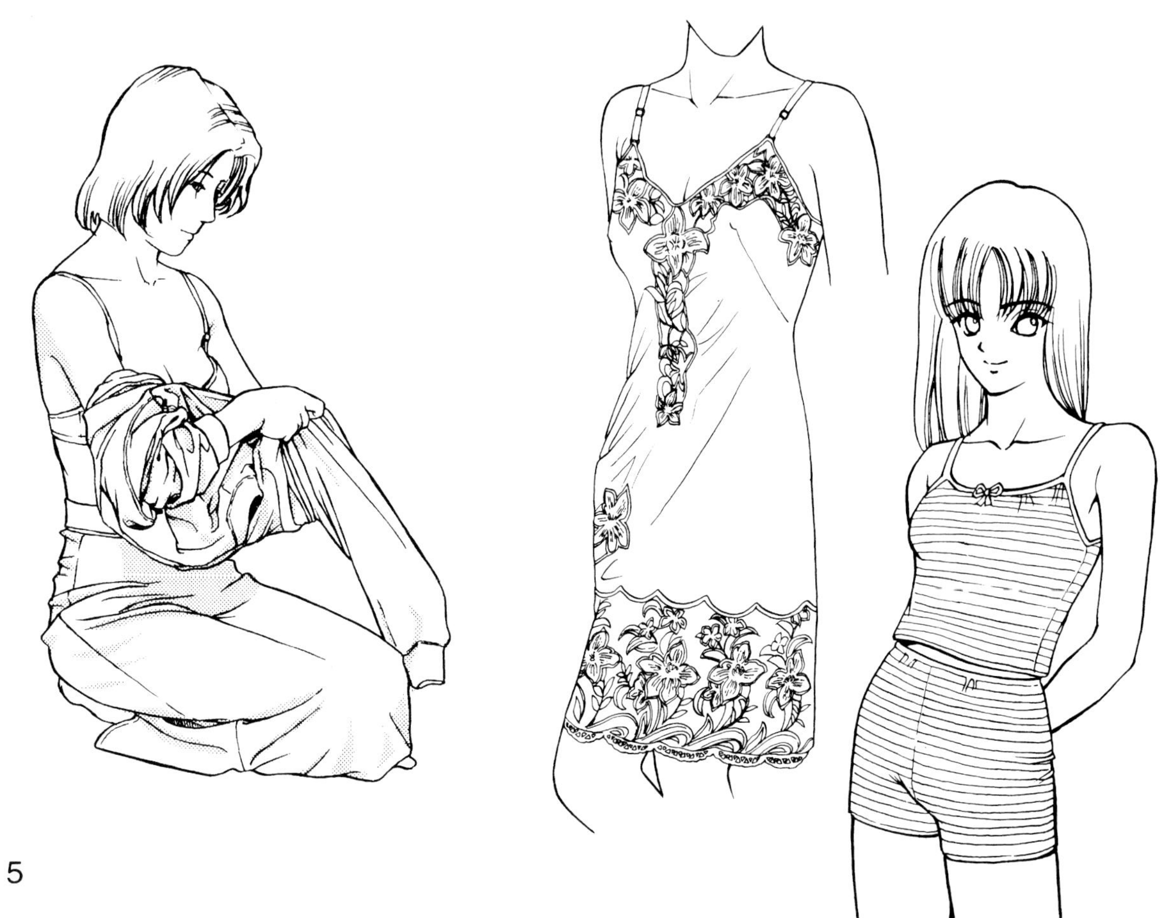

1 先從輪廓畫起

畫衣服時，先粗略地畫出全身的特徵……亦即先畫出輪廓，再完成細部的構圖。

輪廓圖就好比是裸露的身體，而畫衣服時，感覺上就好像是把衣服穿在輪廓圖上。

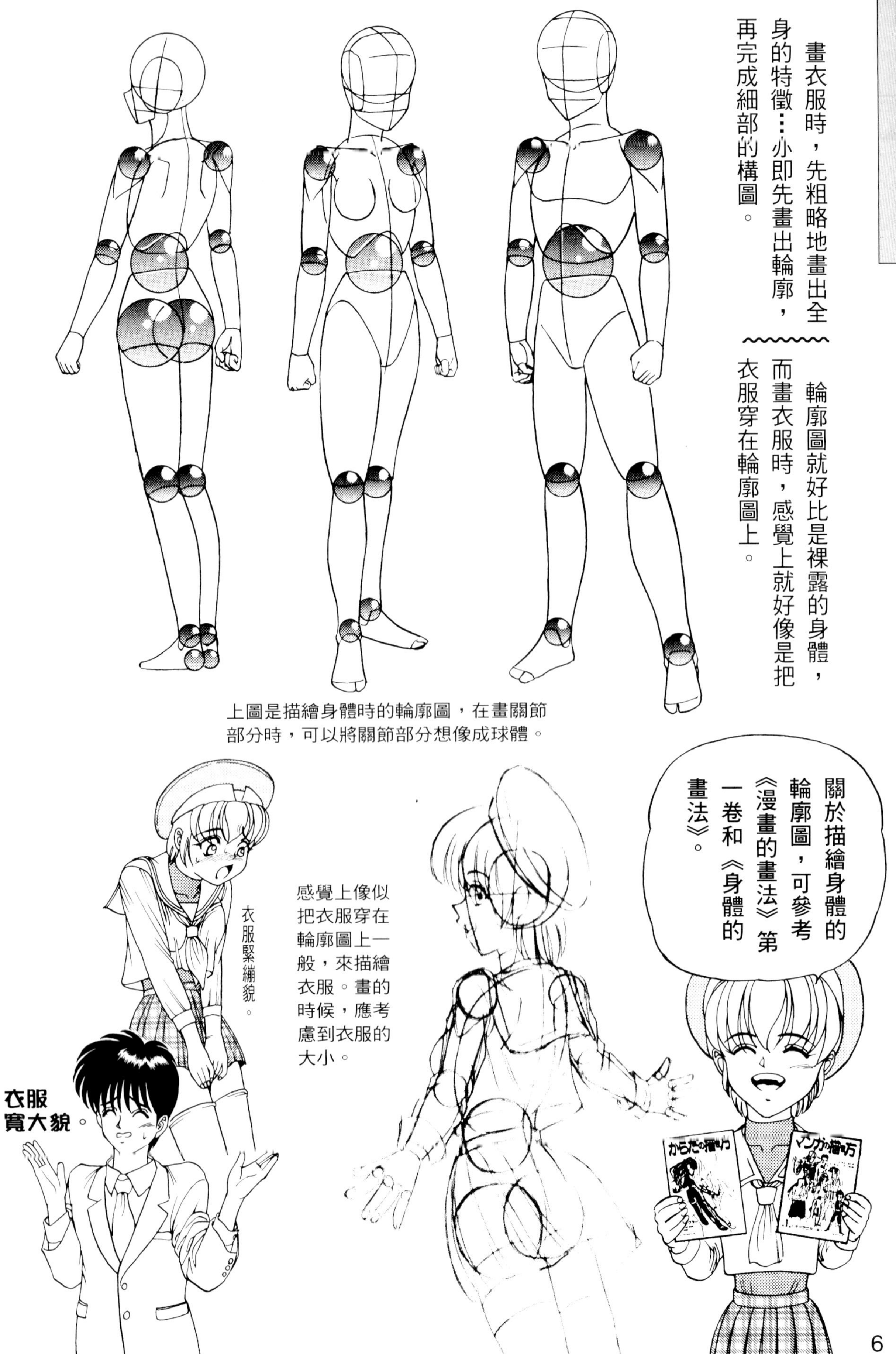

上圖是描繪身體時的輪廓圖，在畫關節部分時，可以將關節部分想像成球體。

2 想像起皺摺的樣子

在畫衣服時，當然必須畫出皺摺。那麼，什麼部分會起皺摺呢?我們要有一個基本的概念，就是要將皺摺視為是立體結構。

衣服會因為身體某部分彎曲或伸縮而形成皺摺。基本上說來，在描繪布料時，弧線形會變成凹凸的形狀。身體的各部分在彎曲、伸縮時，衣服上就會產生許多皺摺。

皺紋

由於伸縮的關係，會形成凹凸的皺摺。

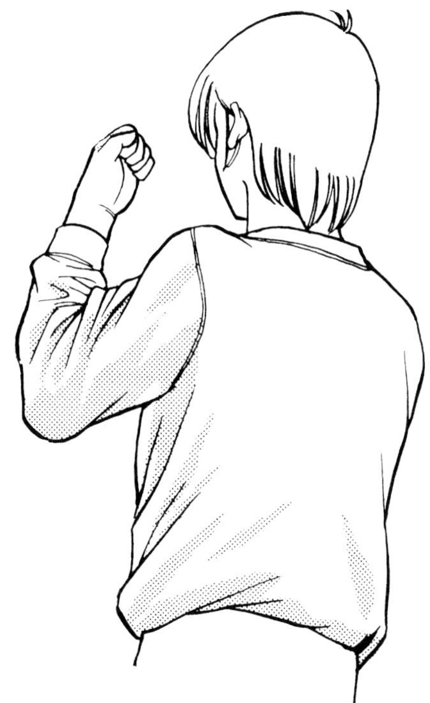

因手臂彎曲而形成皺摺的例子。手臂收縮的內側，會產生許多皺摺。

另外，由於拉扯的關係，也會形成細小的皺摺。

3 營造出立體感的基本方法

要使描繪的皺摺產生立體感，其基本的方法就是在盒子側面畫出色調(即色彩深淺，明暗所造成的效果)，來營造出立體感，同樣地，也可在弧線形的側面畫出色調，營造出立體感。

可是因為各種理由，皺摺會形成複雜的形狀。如果考慮太多，根本沒辦法畫，因此只要學會基本畫法就可以了。

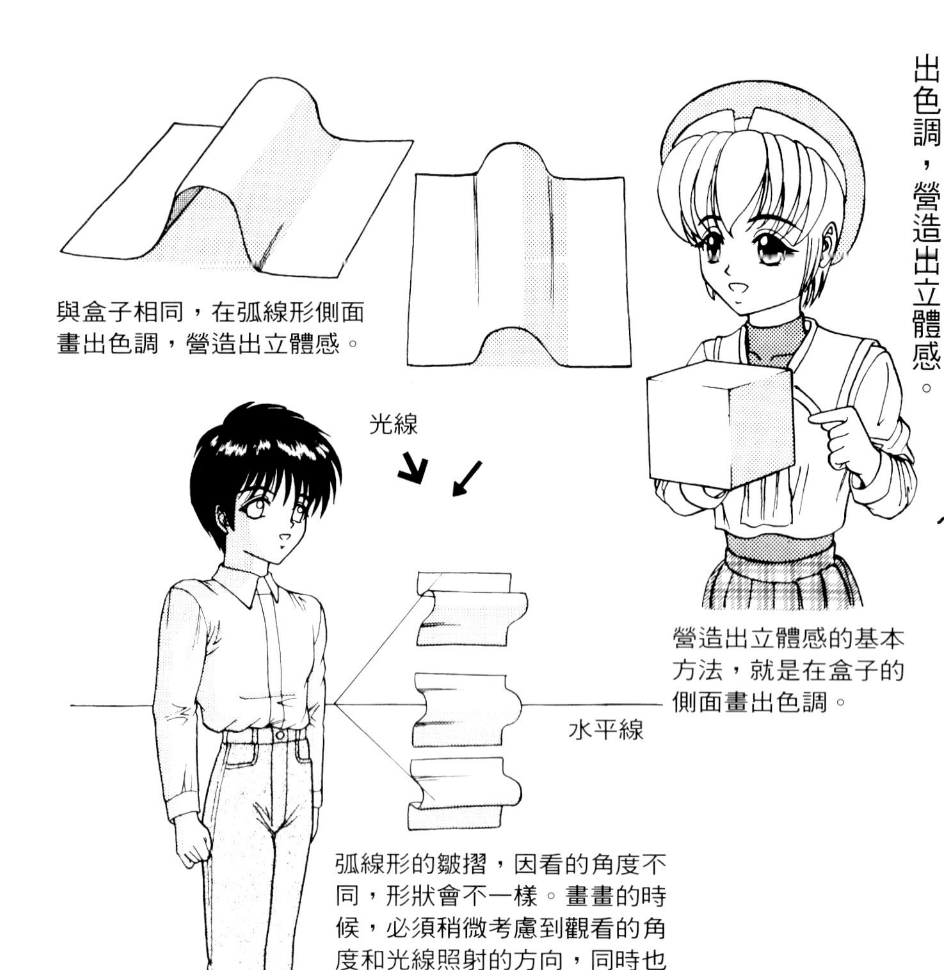

與盒子相同，在弧線形側面畫出色調，營造出立體感。

營造出立體感的基本方法，就是在盒子的側面畫出色調。

弧線形的皺摺，因看的角度不同，形狀會不一樣。畫畫的時候，必須稍微考慮到觀看的角度和光線照射的方向，同時也不要忽略了在側面畫出色調的陰影部分。

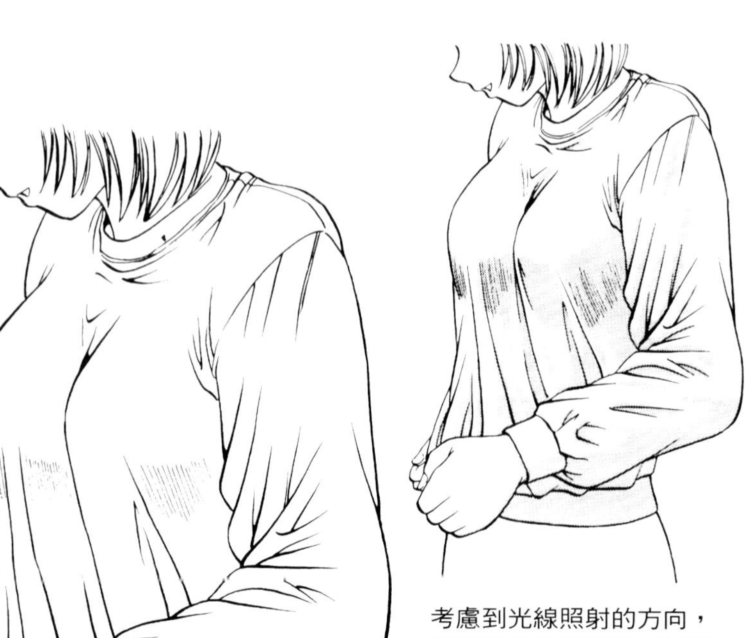

畫圖要有想像力，畫衣服的皺摺，也同樣需要有想像力。想要發揮想像力，與培養運動或心算的能力相同，除了勤加練習之外，別無其他辦法。換句話說，必須常畫才能提高繪畫的能力。不過，學會繪畫的知識，在畫畫時能夠靈活地運用這些知識，進步的速度也會比較快。

考慮到光線照射的方向，憑想像力在皺摺隆起的那一側畫出色調，試著讓皺摺產生立體感。

4 因重力而形成的皺摺

衣服上的皺摺有兩種，一種是因重力而向地面方向垂落的縱向皺摺，另一種是左右垂落而形成的皺摺。此外，身體做出動作時，也會在動作的方向上形成皺摺。

5 衣服的外輪廓線

畫圖畫得漂亮的人，是因為懂得平均地畫出整個輪廓。

描繪人物的身體時，道理也相同。

衣服的輪廓

大致上說來，襯衫有襯衫的輪廓，夾克有夾克的輪廓，各自不同。不過，在圖時，我們也可以想像出衣服的輪廓。在作畫時，宛如可以看出畫中人物的衣服輪廓時，可以說是已經提高繪畫的能力了。

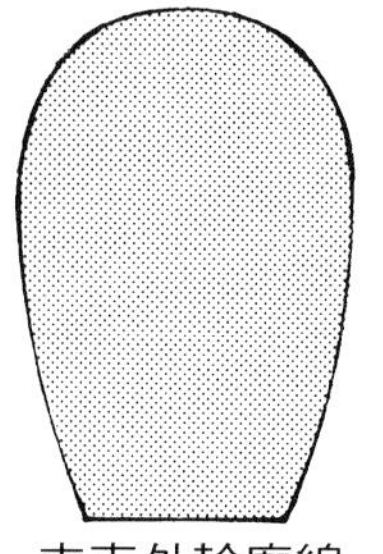

夾克外輪廓線

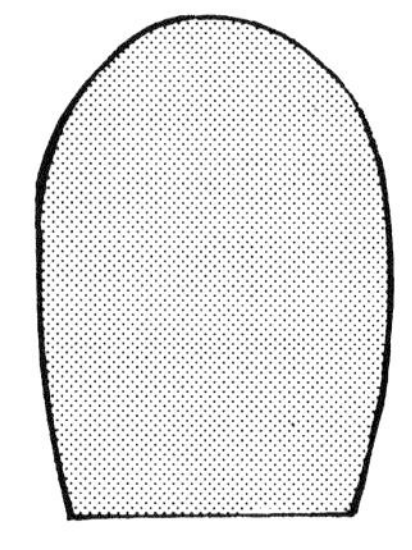

拱形服裝外輪廓線

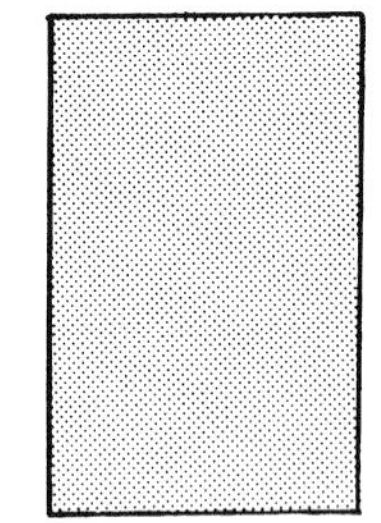

箱形服裝外輪廓線

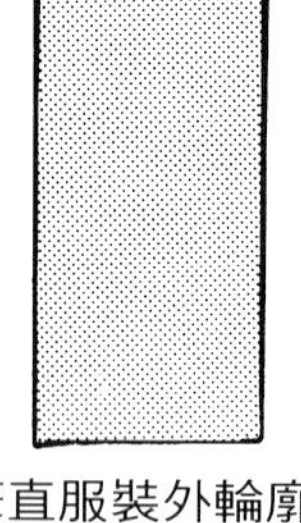
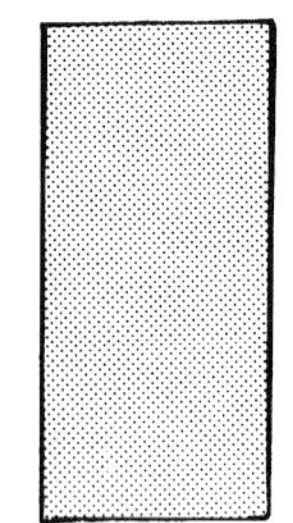

筆直服裝外輪廓線

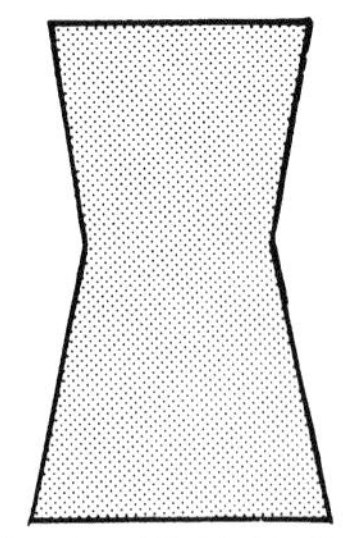

V字形服裝外輪廓線

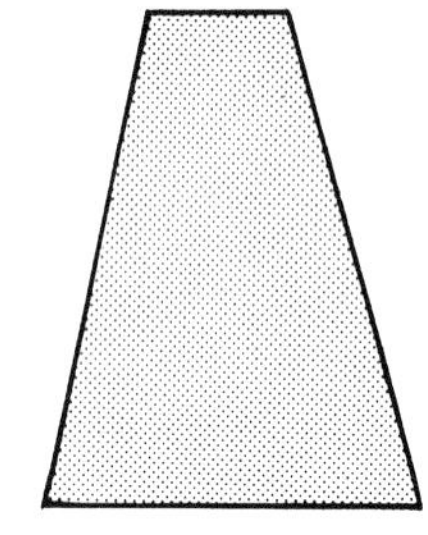

傘形服裝外輪廓線

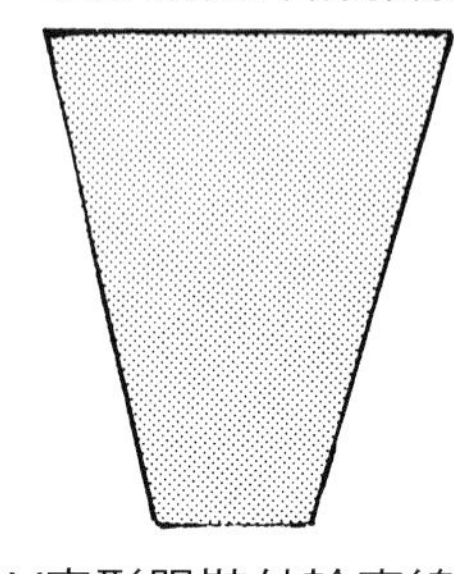

V字形服裝外輪廓線

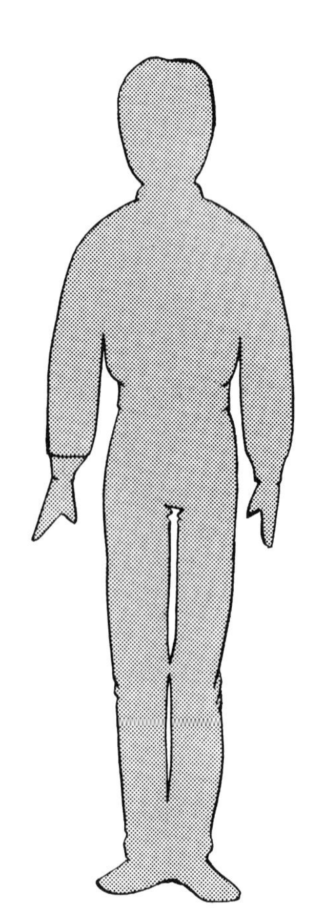
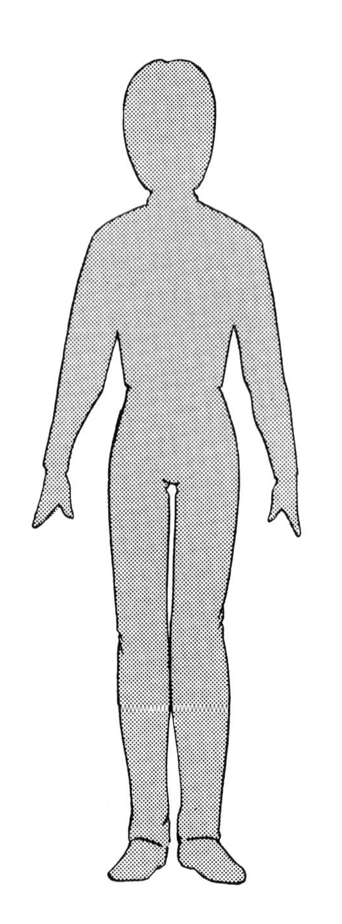
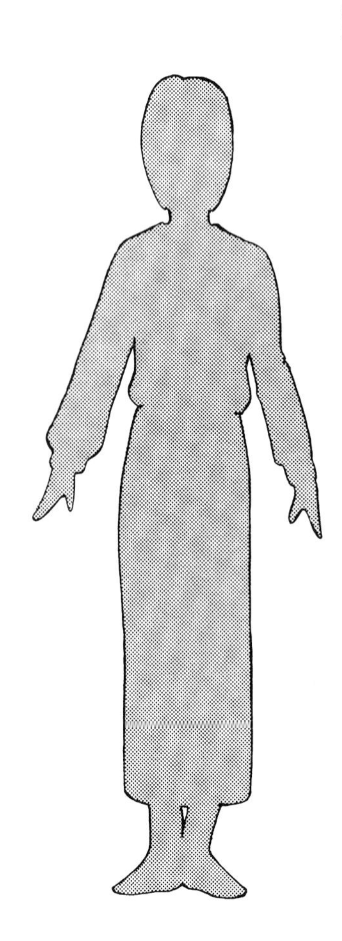

畫人物的全身像時，除了必須畫出各件衣服上的線條之外，也要考慮到整體上下的平衡。

第1章 短上衣、牛仔褲、T恤

短上衣(法文為blouson)屬夾克類，其大致可分類為飛行夾克、騎士夾克等等。

一九二五年，美軍為飛行員設計防寒用的飛行夾克，這是短上衣的起源……。而民間服飾業界則為摩托車的騎士設計出騎士夾克或運動服裝。

因此，短上衣具有防寒的功能。在搭乘交通工具時，為了防風，袖口和衣服的下襬，用鬆緊帶、皮帶、紐扣或綁上繩帶來勒緊……。另外，為了便於運動，感覺上衣服比較寬鬆。

飛行夾克

讓人想到軍用夾克，可能是基於比較容易穿的理由，袖口和下擺大多用鬆緊帶勒緊。

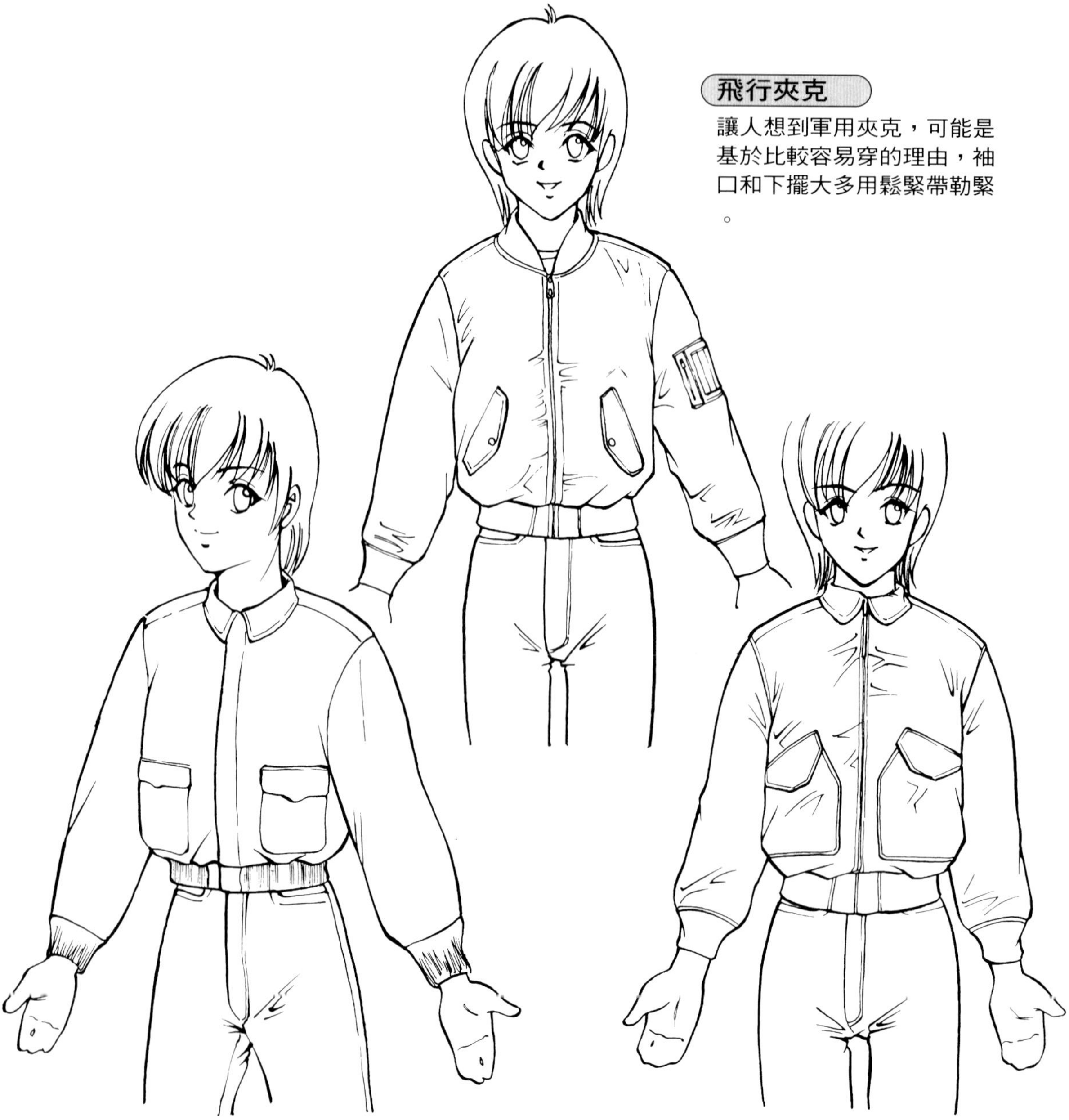

夾克是外出用短上衣的總稱，長度為可以遮蓋腰部到臀部的程度。如果比這種長度還長的話，一般就不能稱為是夾克了。

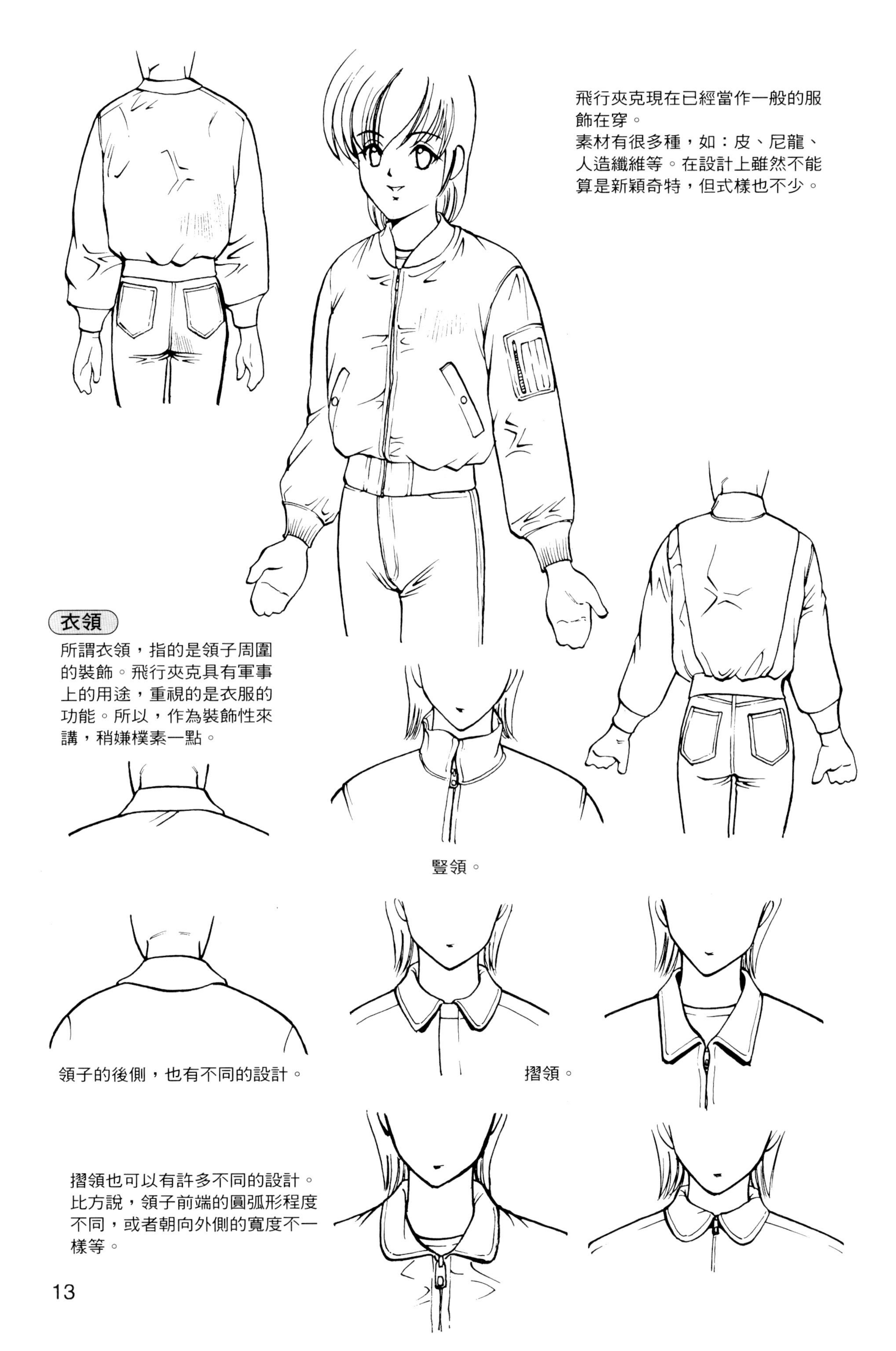

飛行夾克現在已經當作一般的服飾在穿。
素材有很多種，如：皮、尼龍、人造纖維等。在設計上雖然不能算是新穎奇特，但式樣也不少。

衣領

所謂衣領，指的是領子周圍的裝飾。飛行夾克具有軍事上的用途，重視的是衣服的功能。所以，作為裝飾性來講，稍嫌樸素一點。

豎領。

領子的後側，也有不同的設計。

摺領。

摺領也可以有許多不同的設計。比方說，領子前端的圓弧形程度不同，或者朝向外側的寬度不一樣等。

騎士夾克

正如其名稱所示，這是針對騎摩托車的騎士而設計出來的短上衣，有些騎士夾克在設計上也非常華麗時髦。

由於還要考慮到保溫的功能，袖口和衣服的下擺也是勒緊的……。

飛行夾克重視的是「容易穿」，所以幾乎都採用鬆緊帶。相對的，有些騎士夾克使用皮帶或金屬帶。可能某些地方是基於裝飾性的考量，在設計上別有風趣。

圖中夾克的設計，是在腰部左右各縫了兩條皮帶，袖子則在手腕的位置上勒緊。

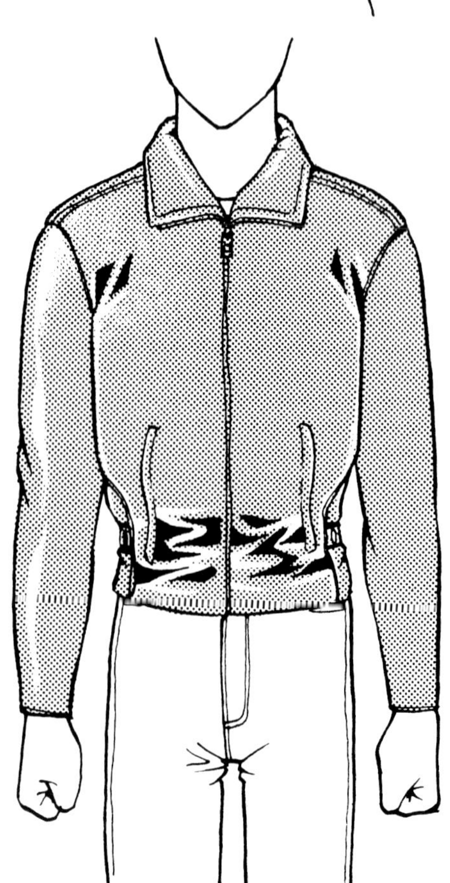

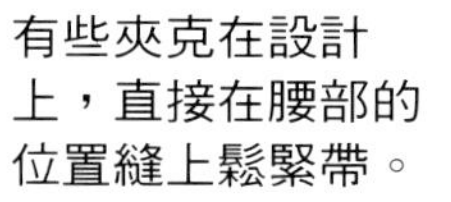

有些夾克在設計上，直接在腰部的位置縫上鬆緊帶。

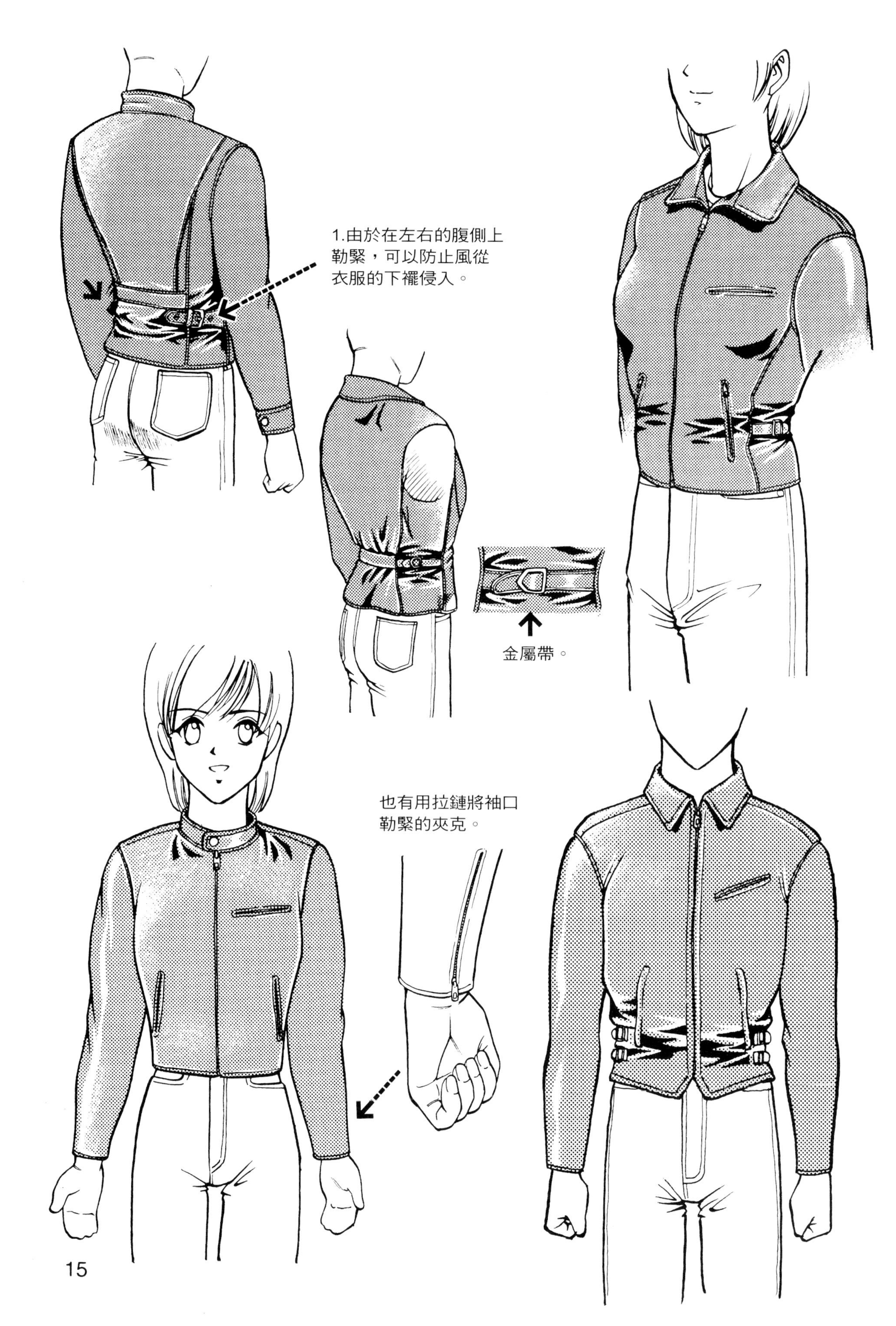
1.由於在左右的腹側上
勒緊，可以防止風從
衣服的下襬侵入。
金屬帶。
也有用拉鏈將袖口
勒緊的夾克。

除了憑自己的觀感，來描畫現實生活中存在的衣服之外，自己也可以設計衣服的樣式，再畫成圖畫。衣服上的各個配件，不妨參考基本部分的畫法。
男外，雖然畫的足騎士夾克，但也可以試著應用服裝設計的方式來畫。

圖中所設計的夾克，在實際生活中應該也可以看得到。

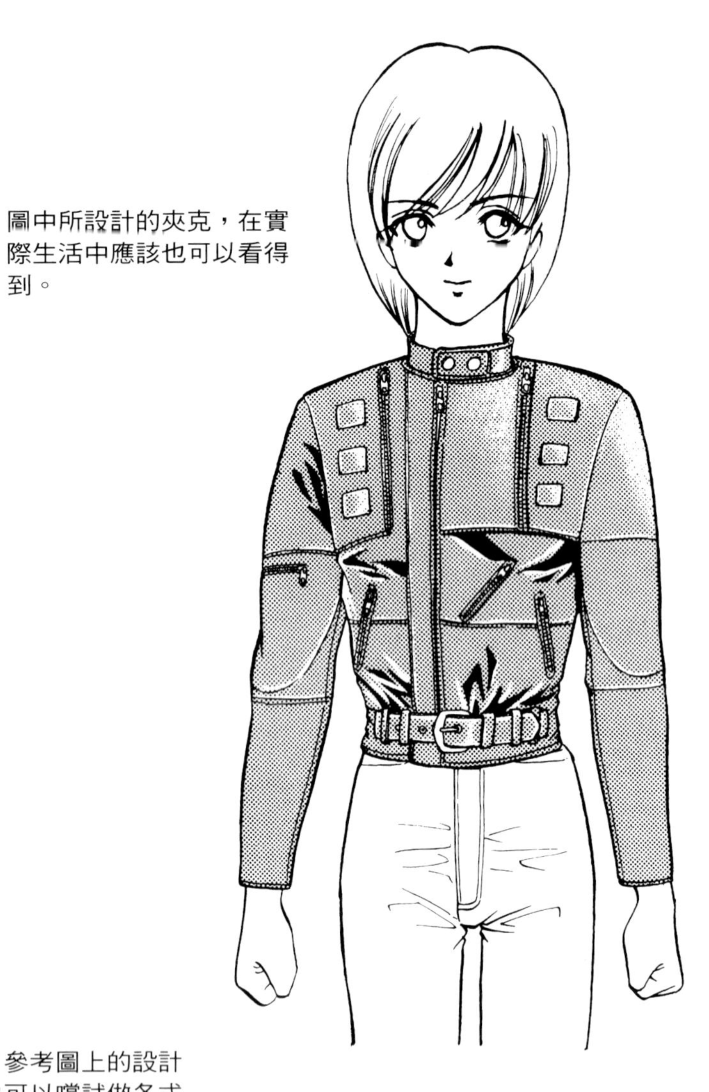

領子除了參考圖上的設計之外，也可以嚐試做各式各樣的變化。

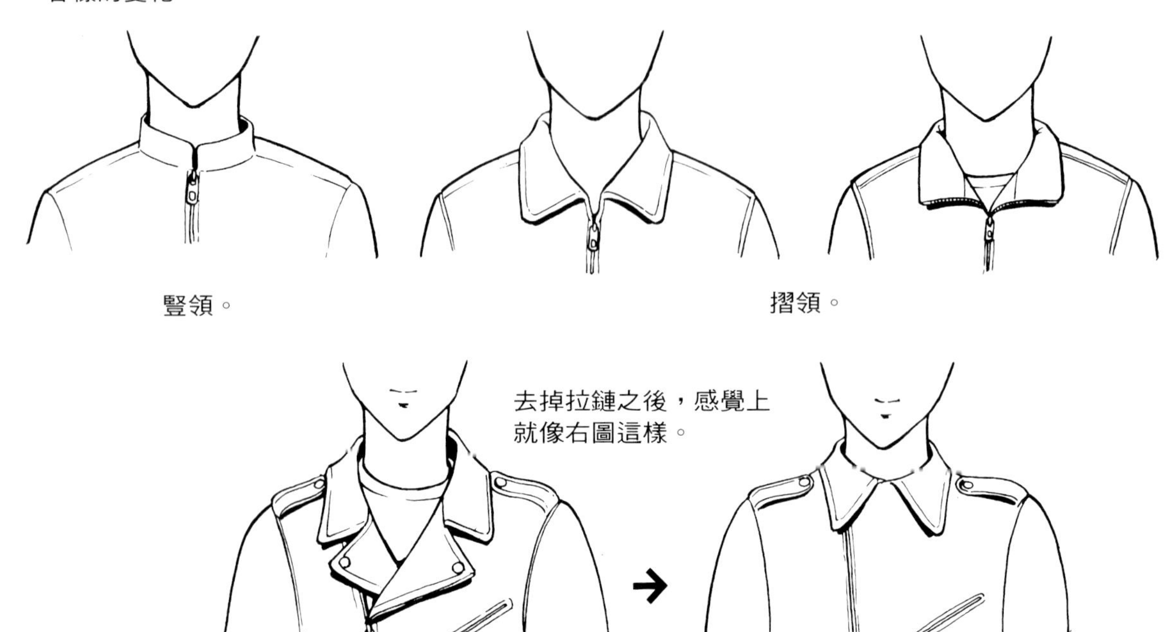

豎領。

摺領。

去掉拉鏈之後，感覺上就像右圖這樣。

雙鈕領。

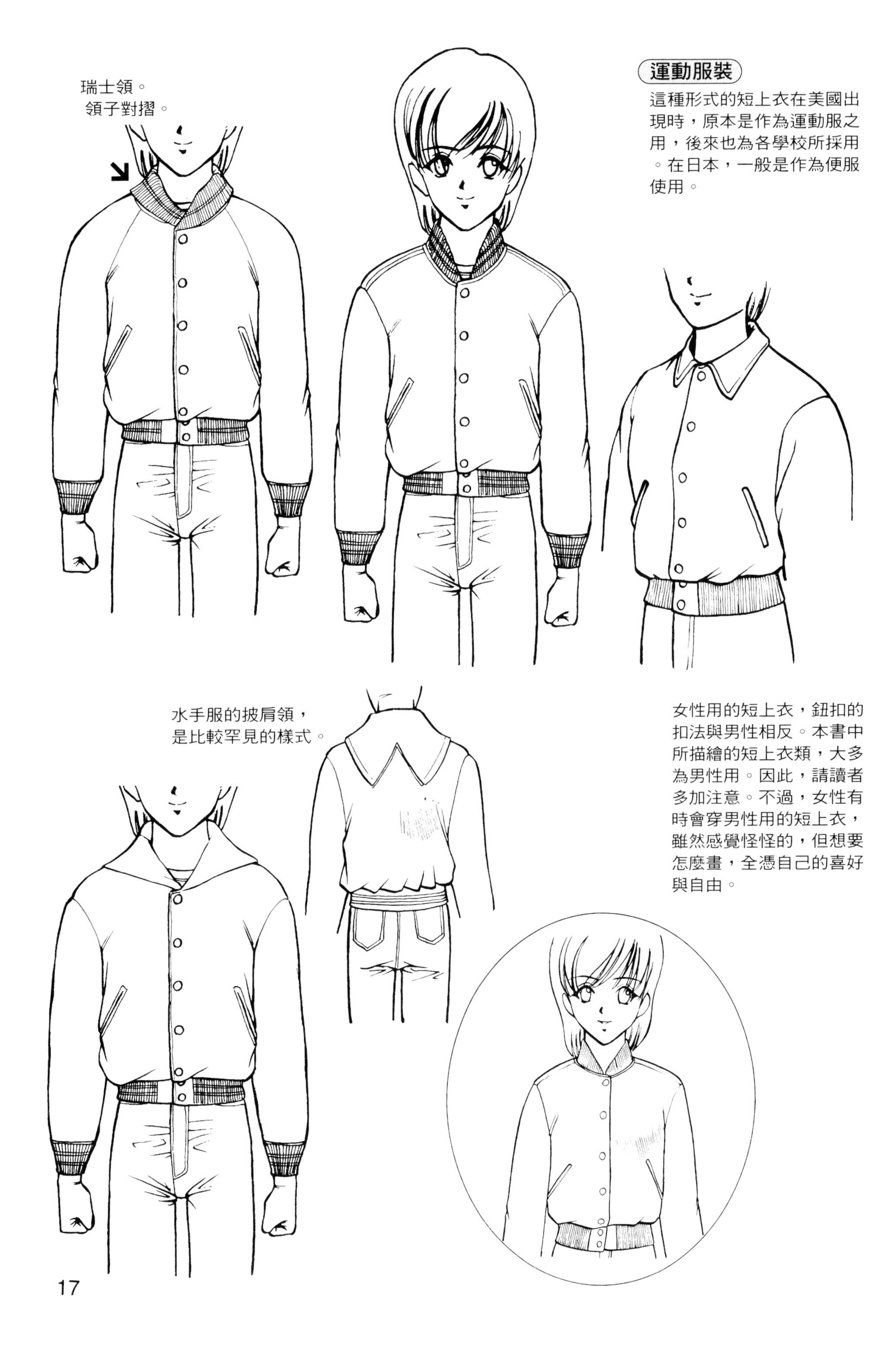

運動服裝
這種形式的短上衣在美國出現時，原本是作為運動服之用，後來也為各學校所採用。在日本，一般是作為便服使用。
瑞士領。
領子對摺。
水手服的披肩領，
是比較罕見的樣式。
女性用的短上衣，鈕扣的扣法與男性相反。本書中所描繪的短上衣類，大多為男性用。因此，請讀者多加注意。不過，女性有時會穿男性用的短上衣，雖然感覺怪怪的，但想要怎麼畫，全憑自己的喜好與自由。

只要畫出衣服的形狀，就可以感覺出它的質感。比方說畫短上衣，看的人就知道那是短上衣。如果知道畫的東西是短上衣的話，光憑想像就可以感覺出它的質感來。不過，若想進一步地呈現出質感時，首先就必須考慮到衣服的厚度和硬度。

皺摺的線條會因為布料的厚度而有所不同。厚的布料皺摺的線條會稍微粗一點，薄的布料皺摺的線條則比較細。皮製短上衣，算是屬於厚的素材。

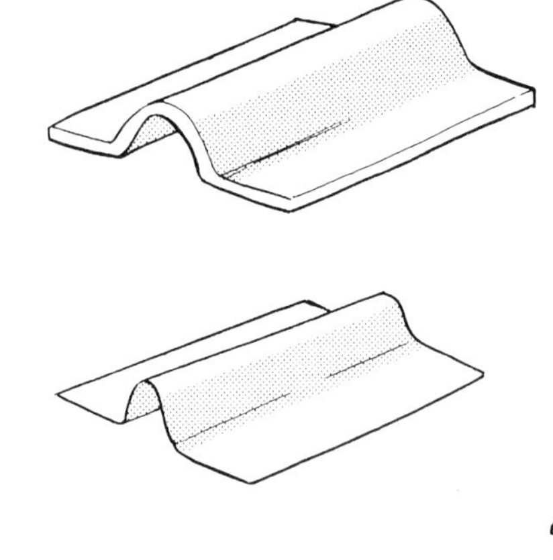

想讓人看了上圖之後，知道自己畫的是短上衣時，在畫畫的時候就算沒有經 過各種處理，也要讓人能夠想像出短上衣的質感來。

如果畫的是黑色的皮上衣，將陰影的部分塗滿，就可以有效地營造出基本的質感。

將陰影的部分塗滿。

在塗陰影時，應考慮到皺摺的凹凸側面和光線的程度。

其次，畫出30%到40%左右的針眼狀的色調或色彩層次。至於因光線而形成的發亮部分，則必須將色調擦掉。
投射光線的部分。
基本上說來，可想像光線投向皺摺各個凸出地方的頂點部分看看。
畫領子時，應考慮到正面看不到之部分的線條。
完成。

牛仔褲

牛仔褲是經常被人選來當作便服穿的一種。以下，就來看看牛仔褲的基本設計。

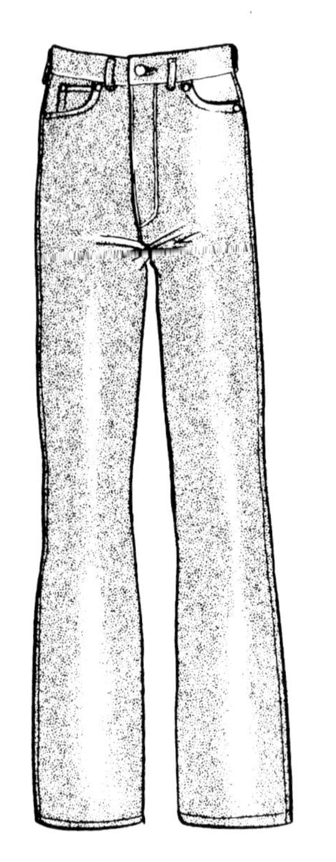

靴筒型

原本是針對牛仔穿馬靴時，輪廓也不會變形，比較容易活動而設計的型式。特徵是，大腿的部分細窄，膝蓋的地方稍微勒緊，從膝蓋到褲管變寬。

寬大筆直型

型式與筆直型相同，但比較寬大一點。

筆直型

可以說是最基本的型式。

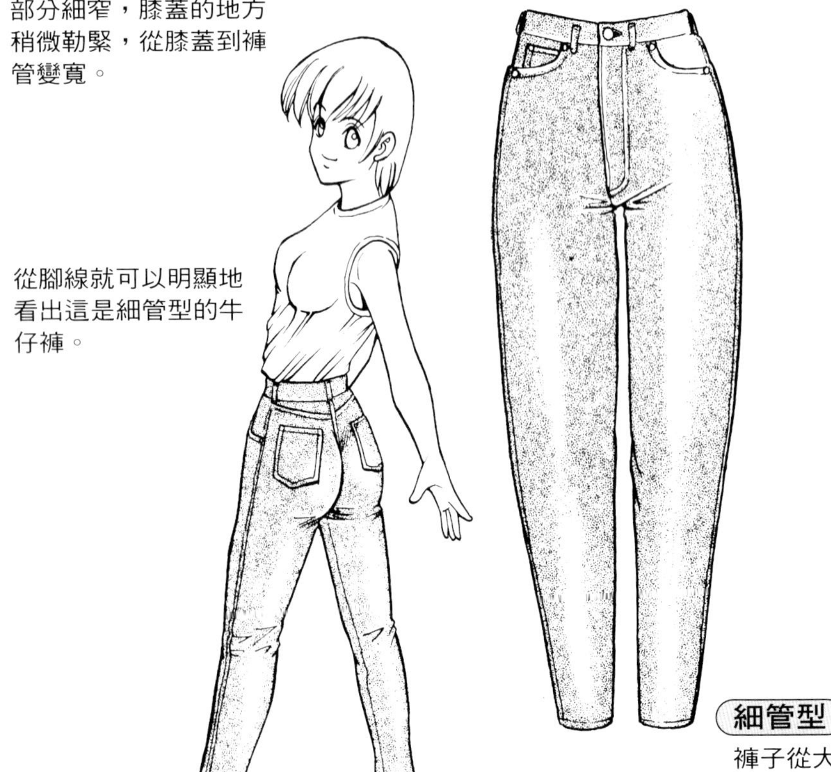

從腳線就可以明顯地看出這是細管型的牛仔褲。

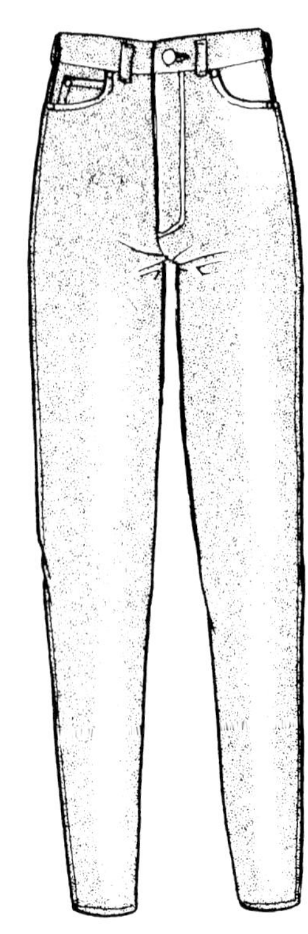

細管型

褲子從大腿到腳踝部分的輪廓變細，有各式各樣的設計，如：大腿的部分比較細，或大腿的部分比較粗等。

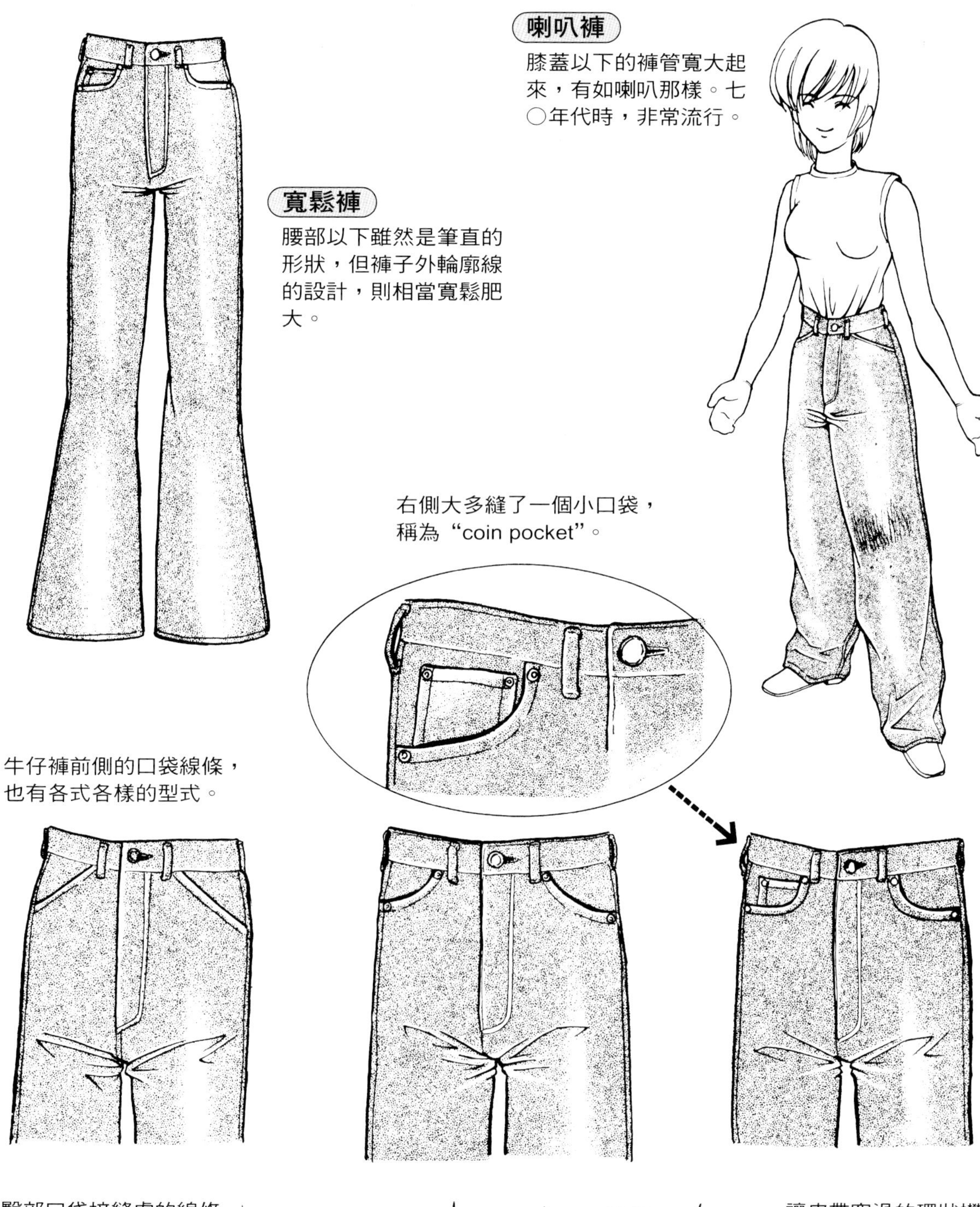

喇叭褲

膝蓋以下的褲管寬大起來，有如喇叭那樣。七〇年代時，非常流行。

寬鬆褲

腰部以下雖然是筆直的形狀，但褲子外輪廓線的設計，則相當寬鬆肥大。

右側大多縫了一個小口袋，稱為“coin pocket”。

牛仔褲前側的口袋線條，也有各式各樣的型式。

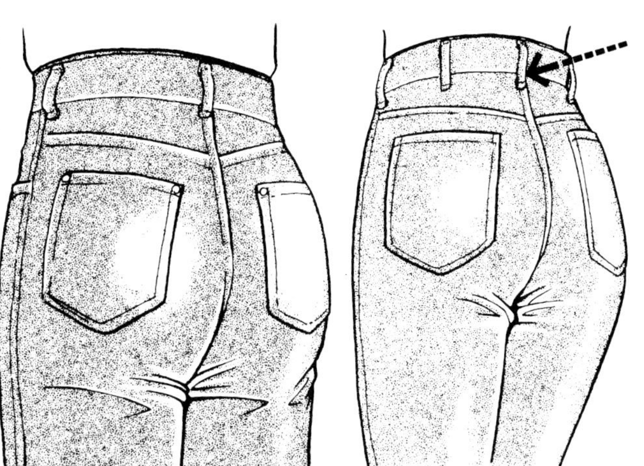

臀部口袋接縫處的線條是經過設計的，這是各廠商的註冊商標，有些牛仔褲的口袋並沒有接縫處。

讓皮帶穿過的環狀襻。一般來說，前面有二個，左右兩側有二個，後面有一個，合計有五個。但為了發揮強化的作用，也有七個皮帶襻的樣式。

試著改變角度來看看，因不同姿勢而產生變化的皮衣形狀與牛仔褲的關係。

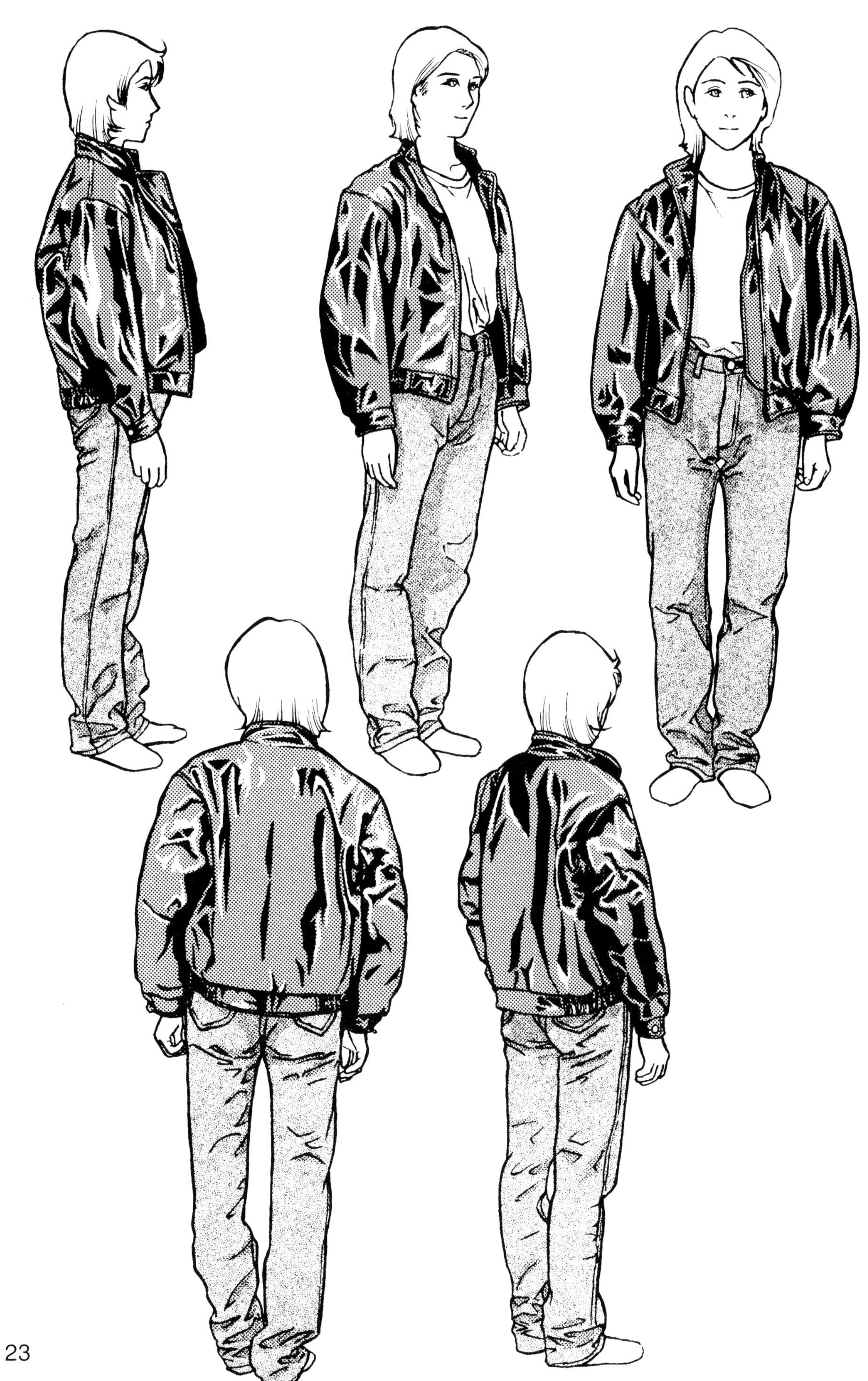

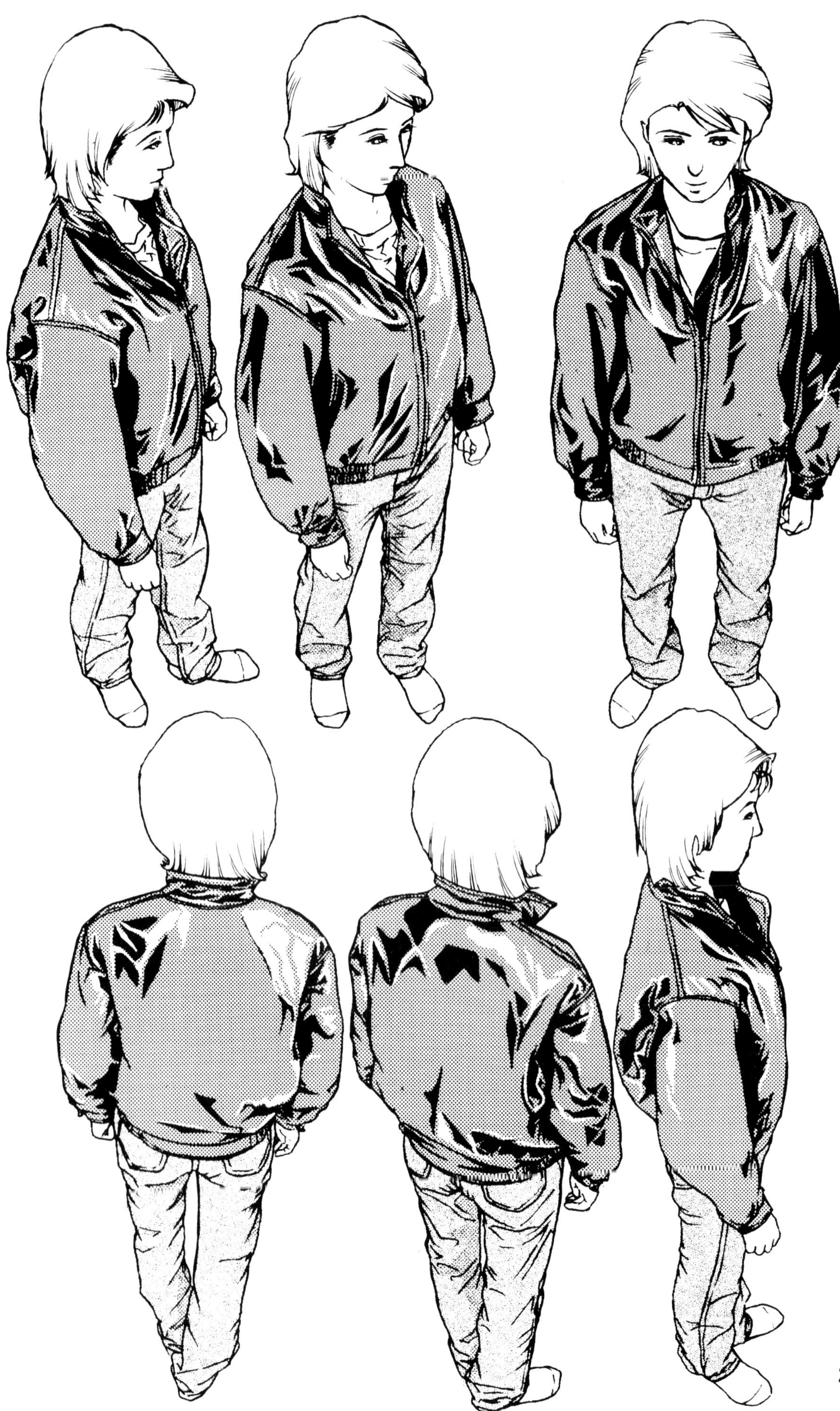

筆直地站著

不拉拉鏈

從上面的角度來看

筆直地站著

不拉拉鏈

從下面的角度來看

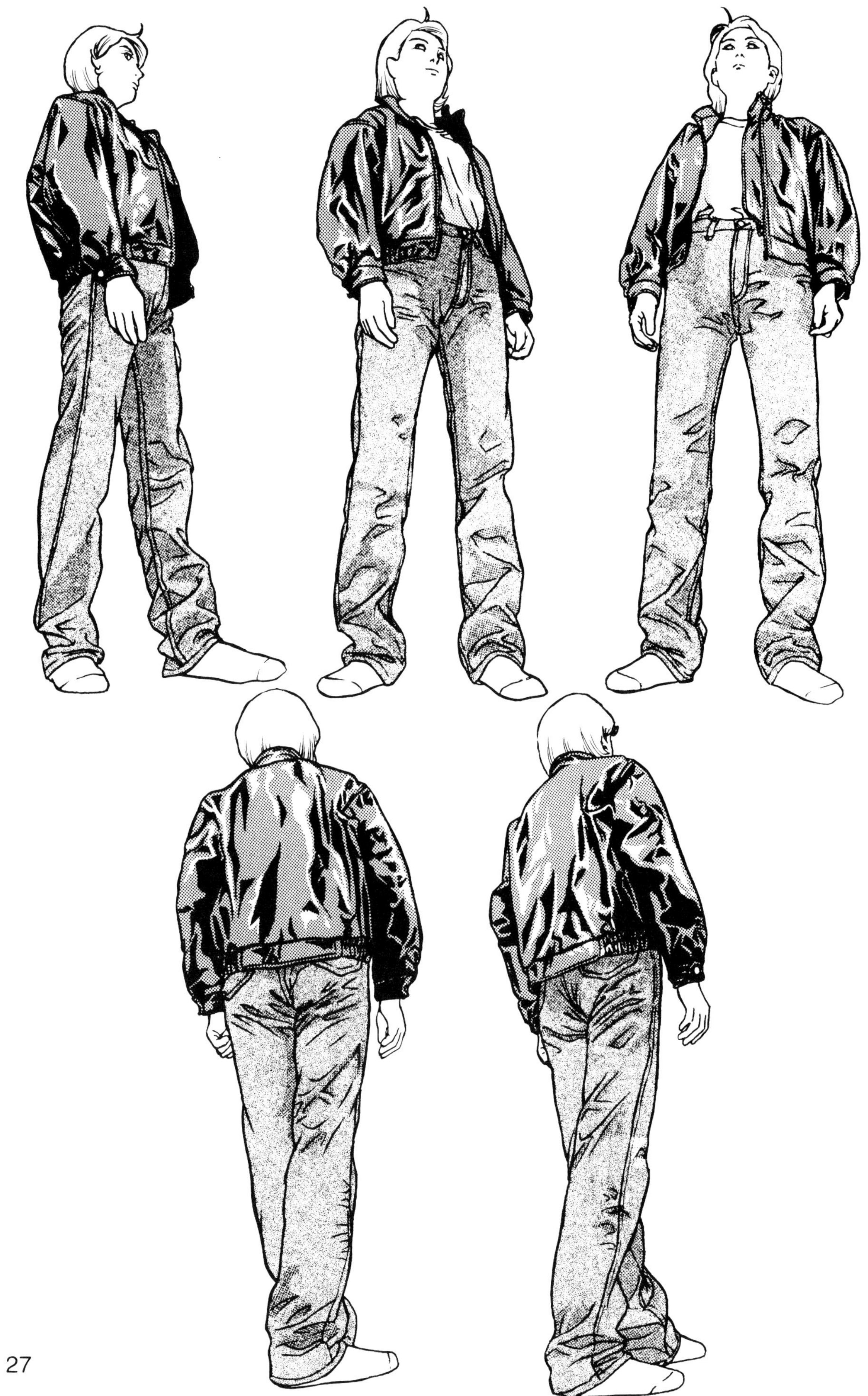

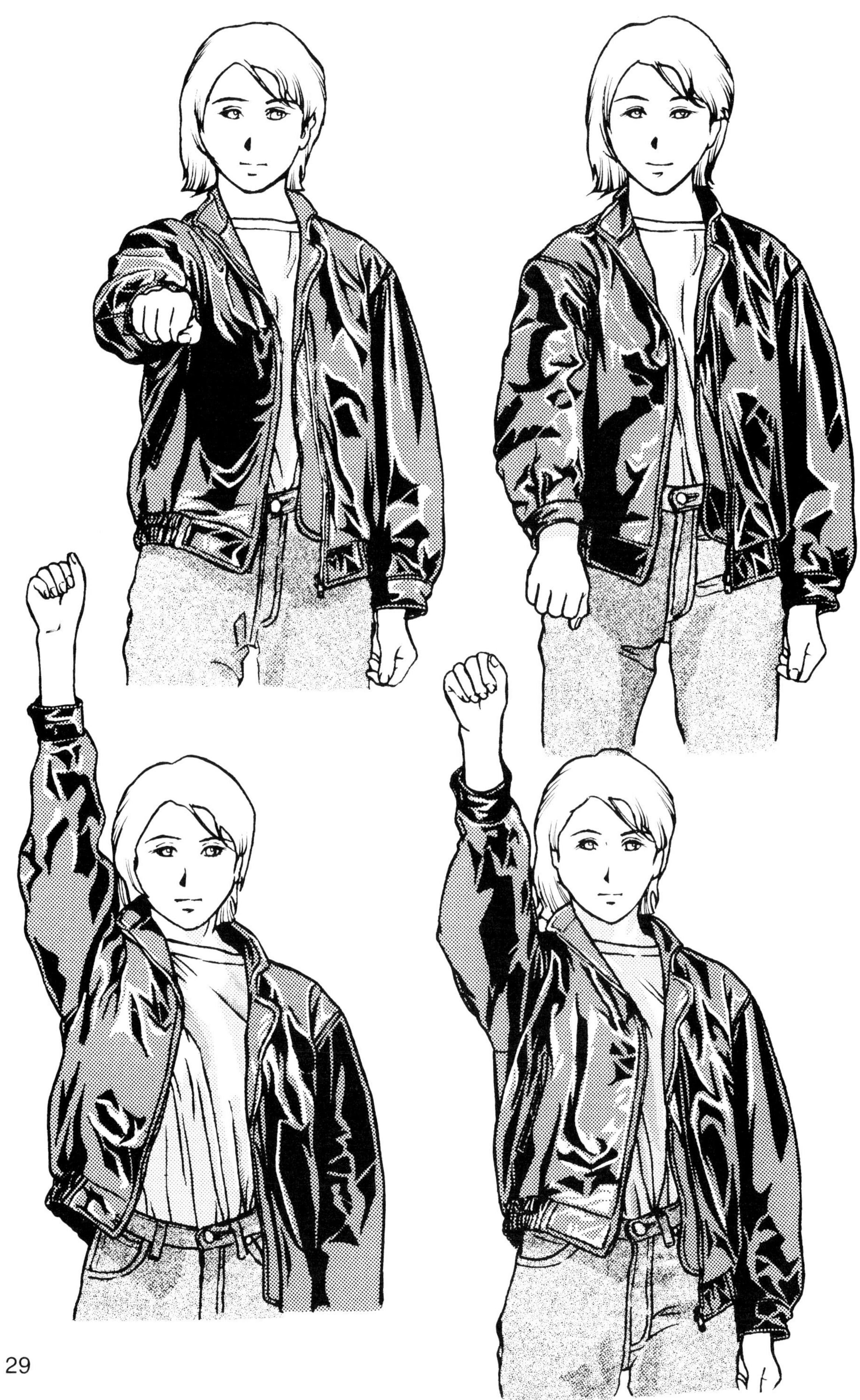

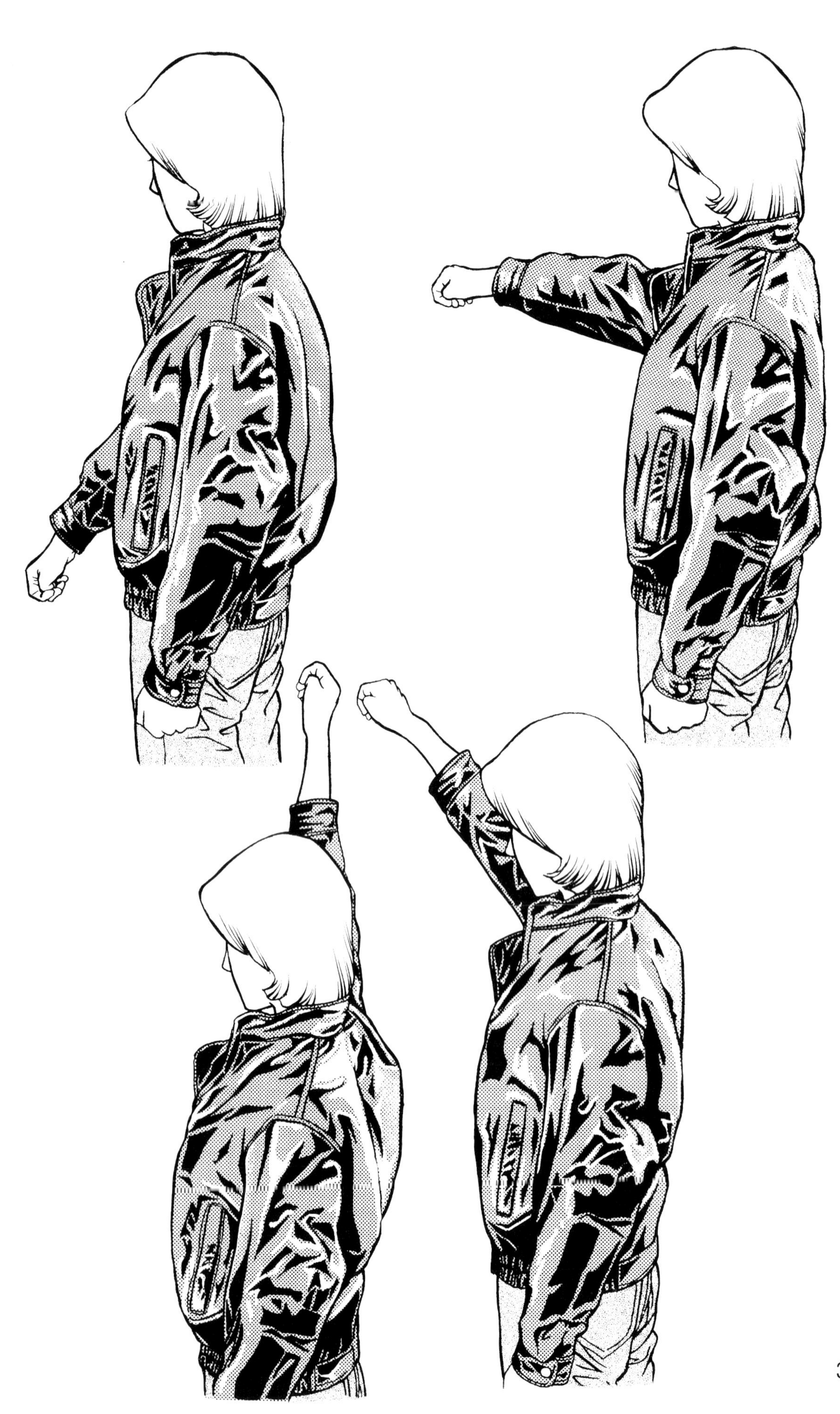

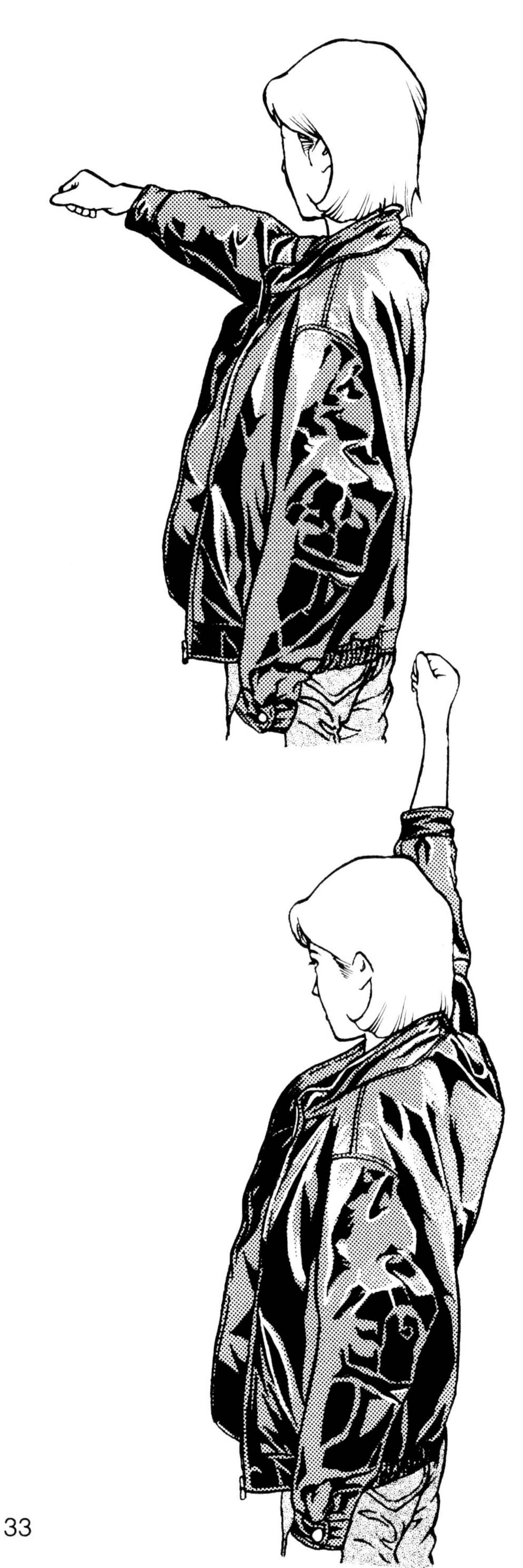

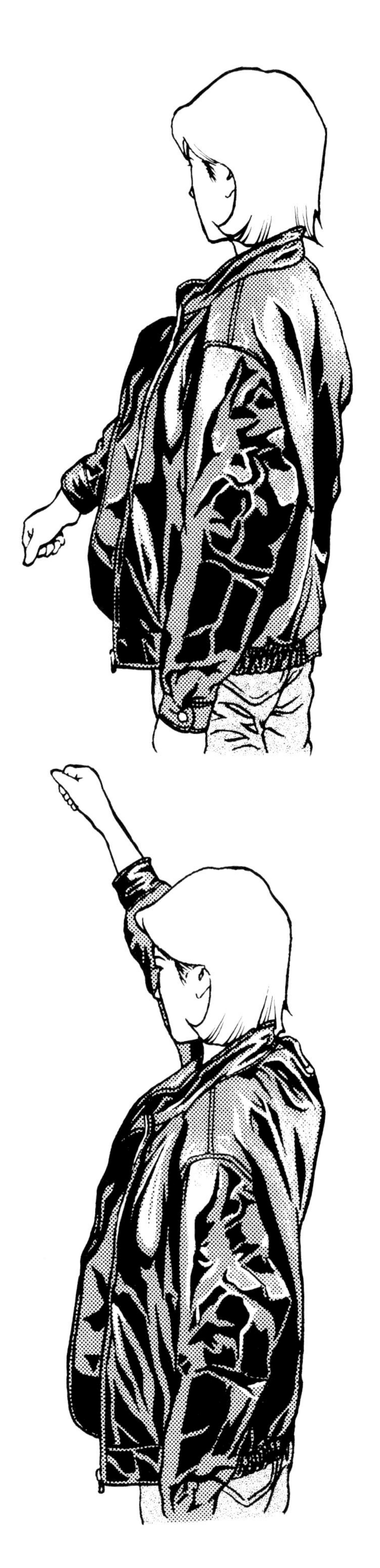

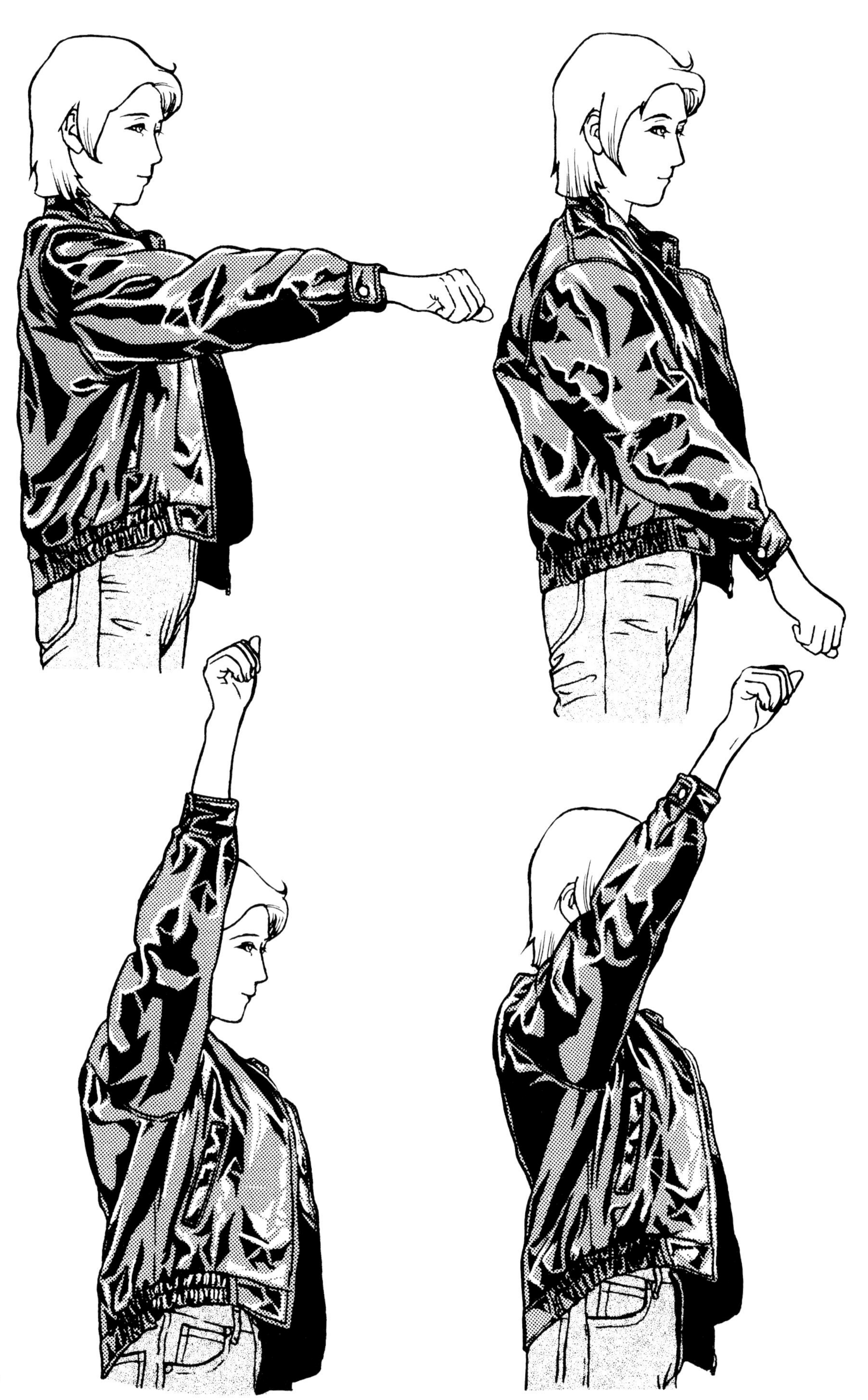

以舉起手臂的情況來講，有從身體的正面舉起，也有從身體的側面舉起的情況。手臂從身體的正面舉起時，肩膀周邊的皺摺與從身體的側面舉起時，會有若干的差異。

從旁邊舉起一隻手

不拉拉鏈

從左斜前側的角度來看

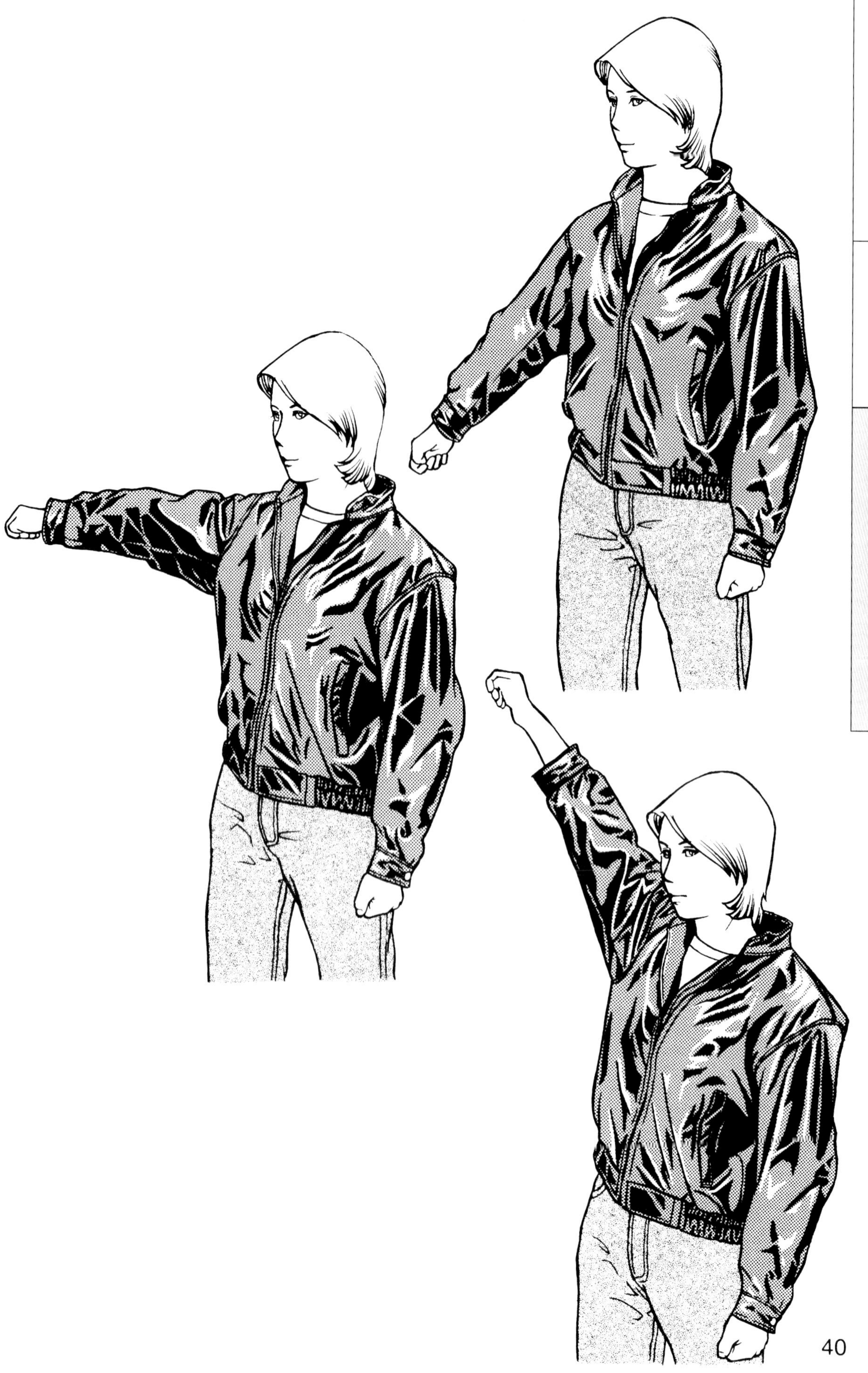

從旁邊舉起一隻手

不拉拉鏈

從左斜前的角度來看

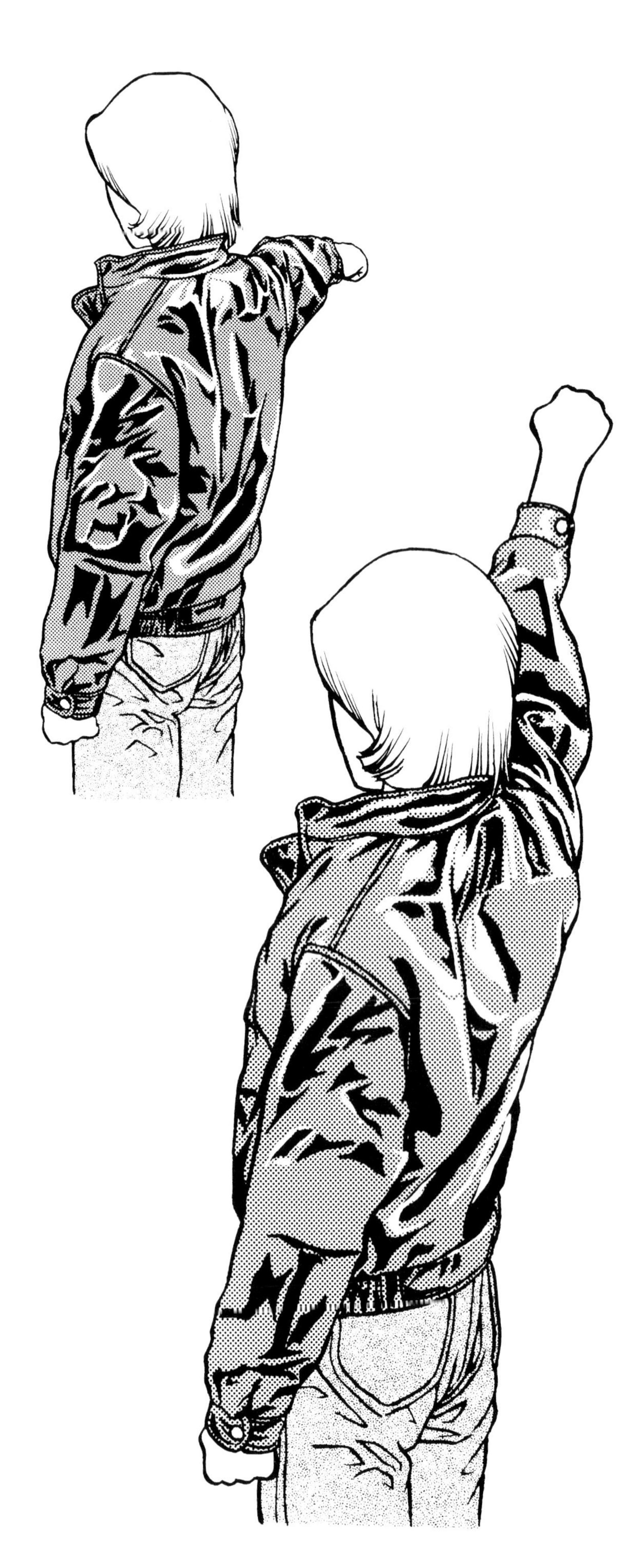

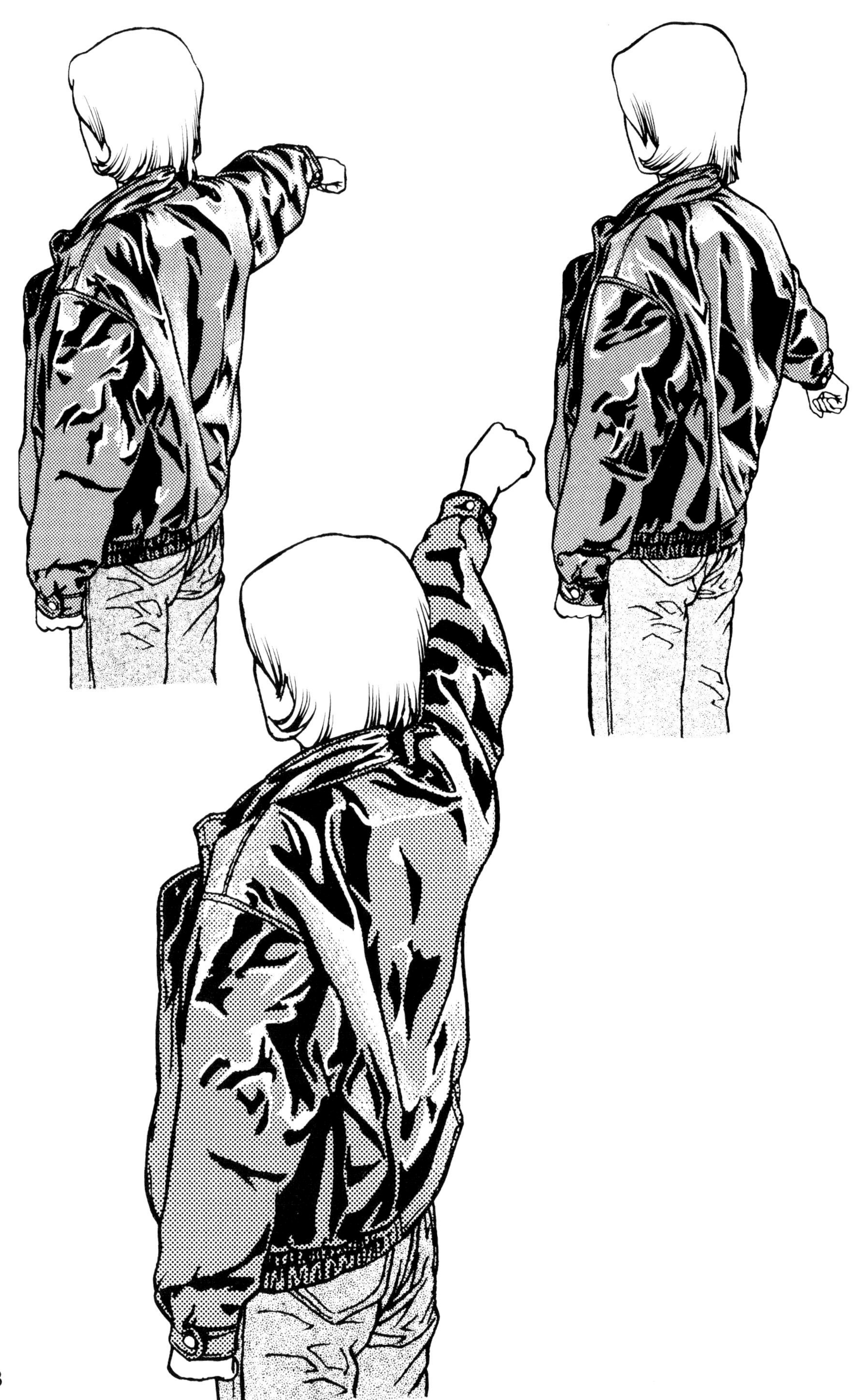

在畫舉起手臂時的皺摺時，只要意識到從正面舉起和從側面舉起所形成的皺摺會有若干的差異，就可以提高畫畫的水準。而且，自己所畫的人物，也會具有動感。

從旁邊舉起一隻手

拉上拉鏈

從右斜後的角度來看

從右斜後的角度來看

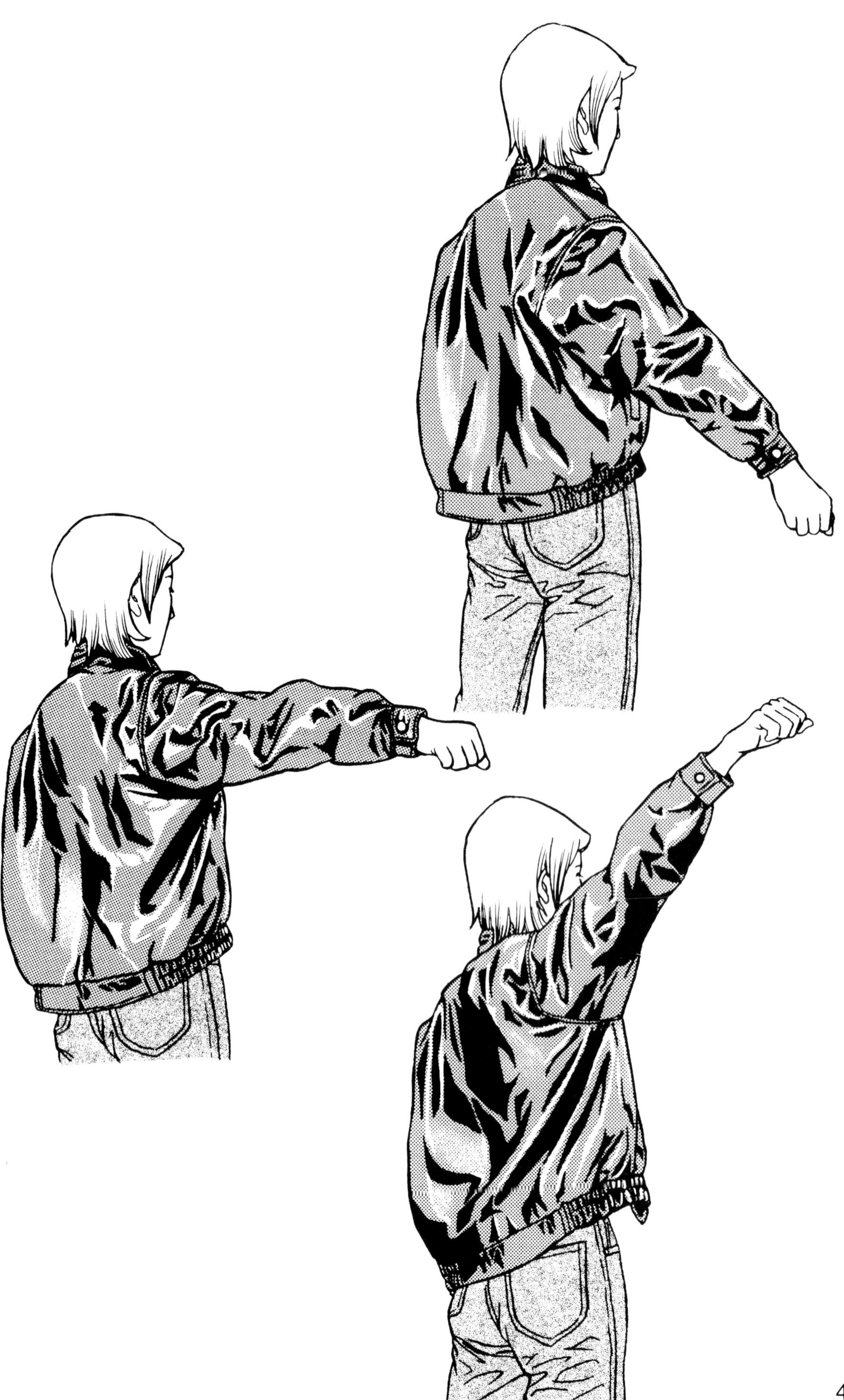

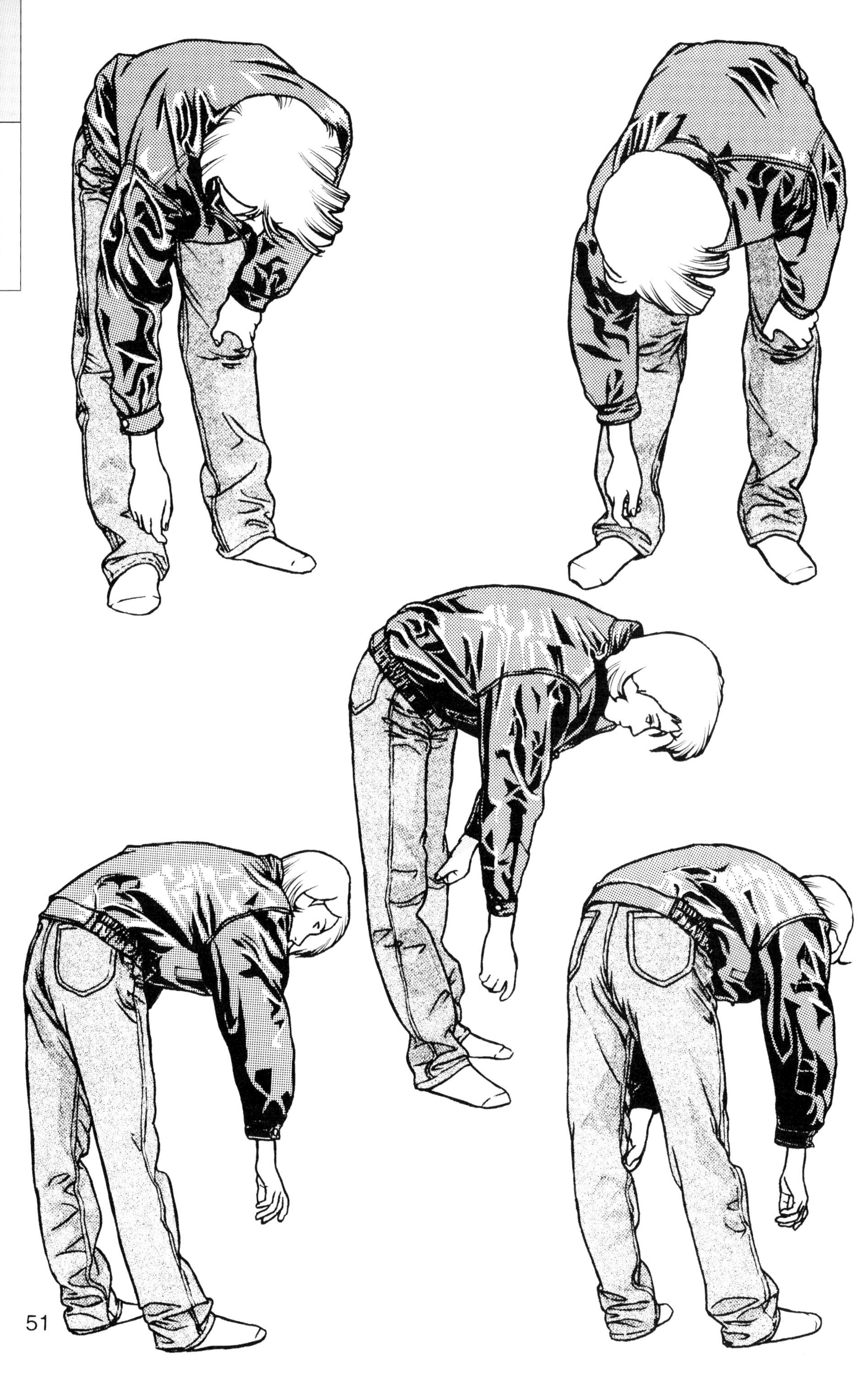

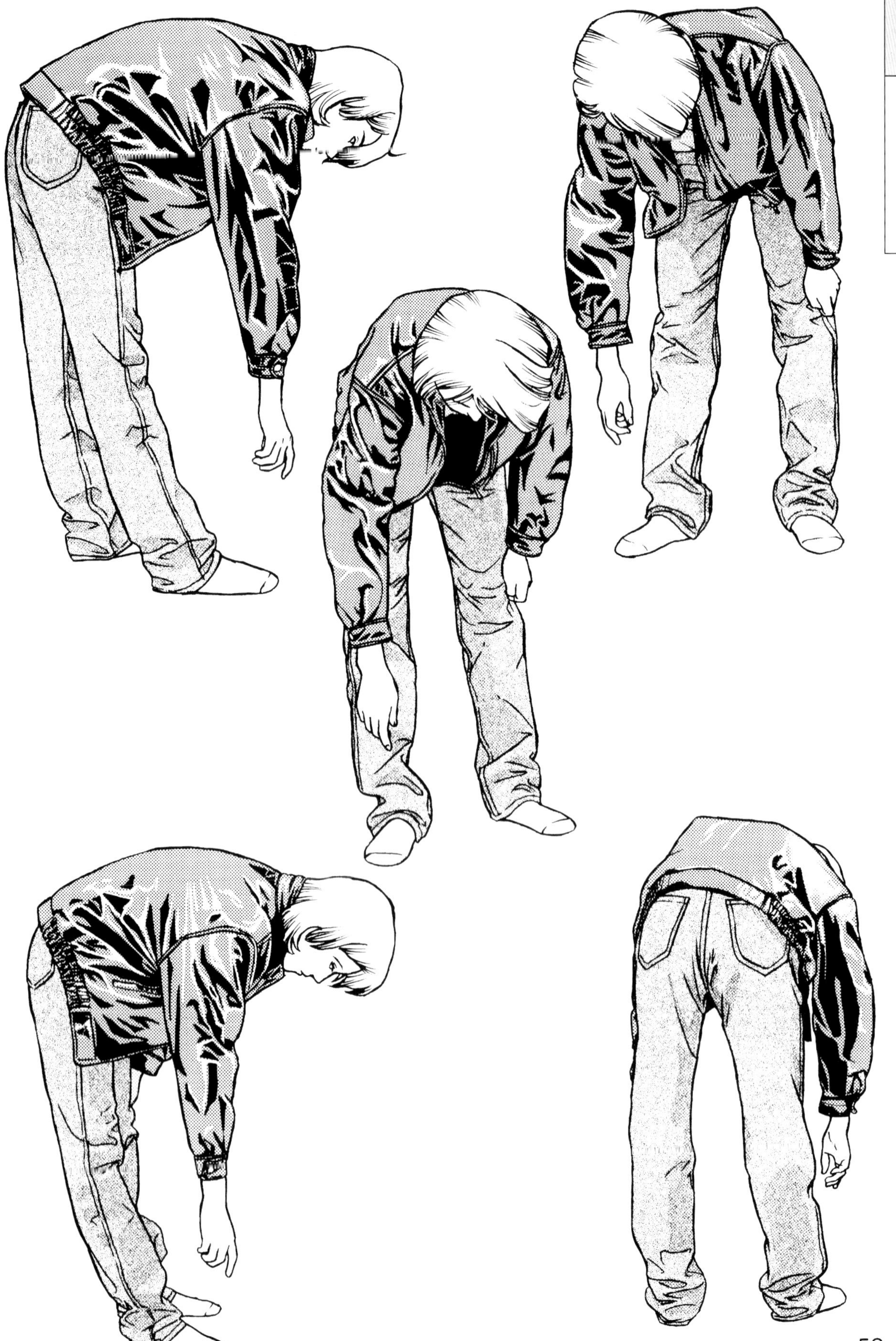

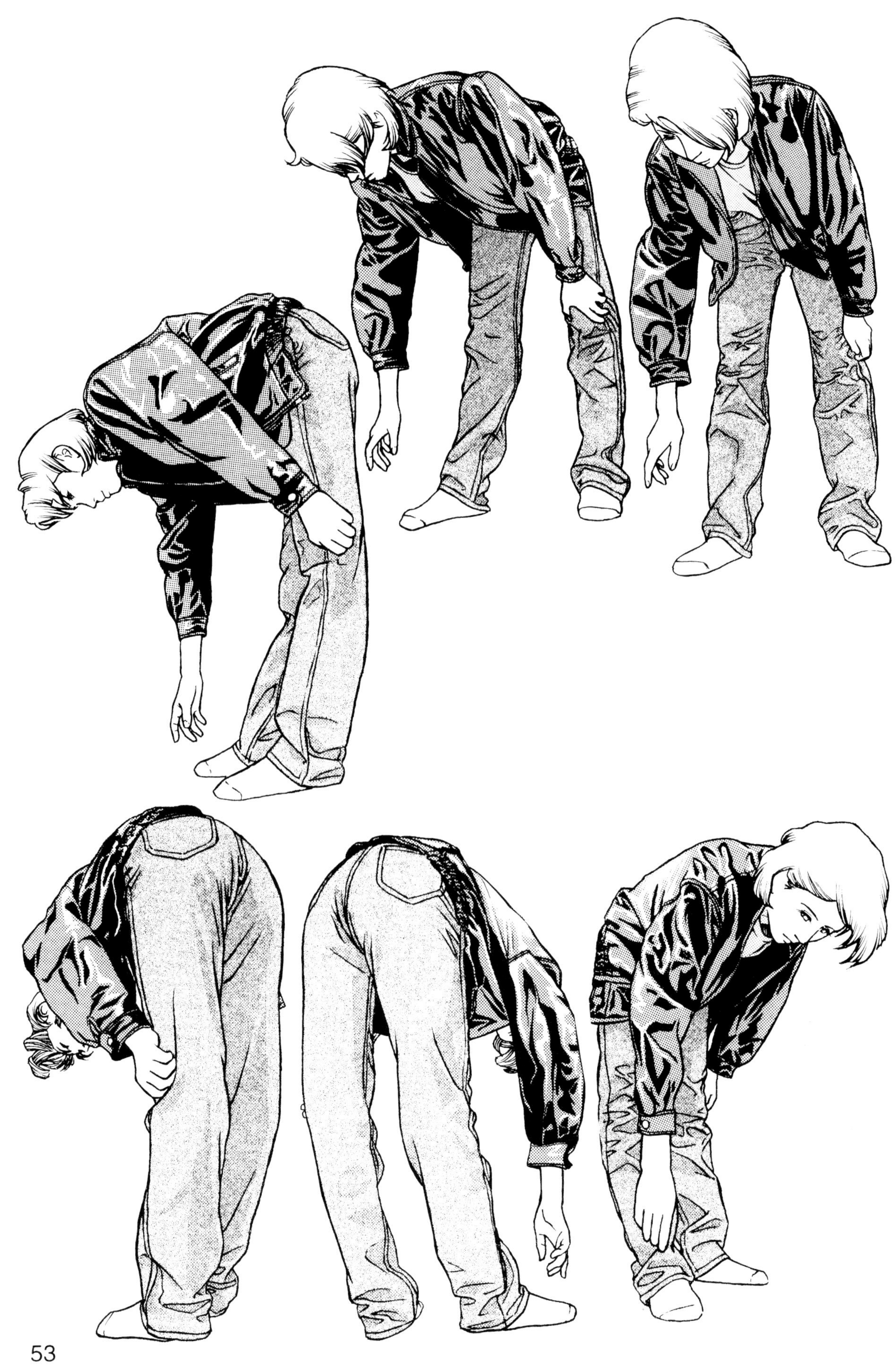

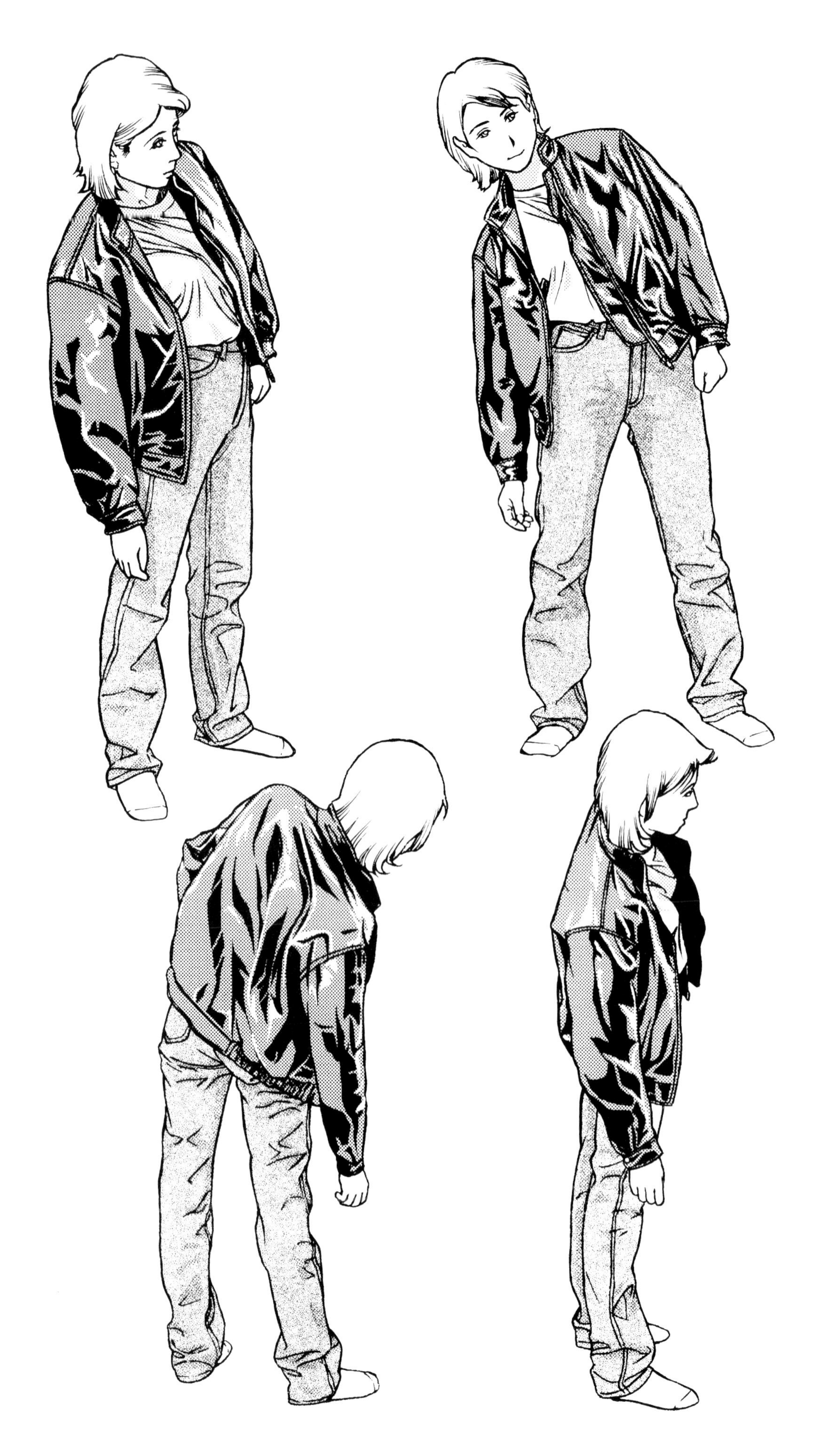

身體向後仰

不拉拉鏈

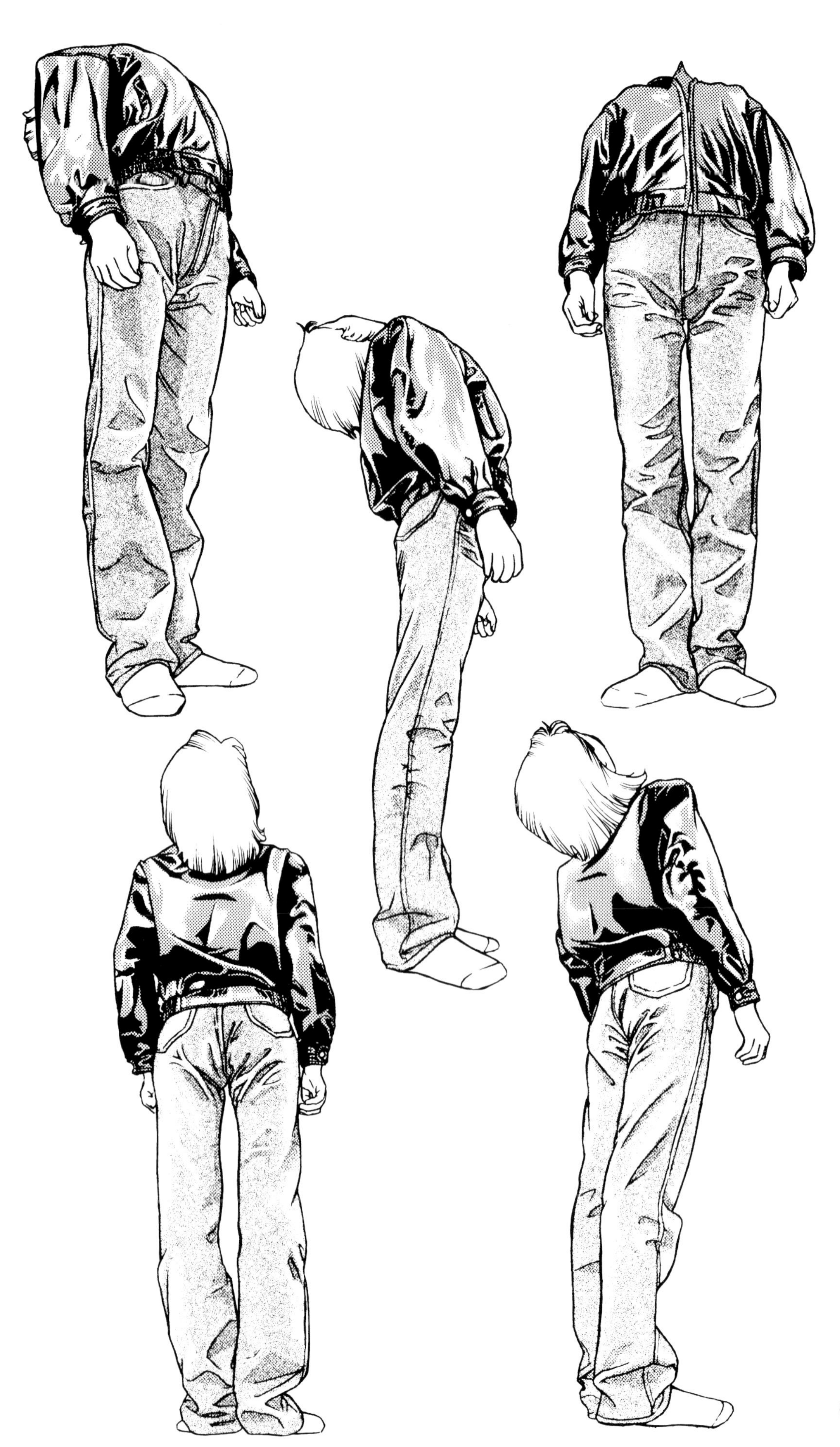

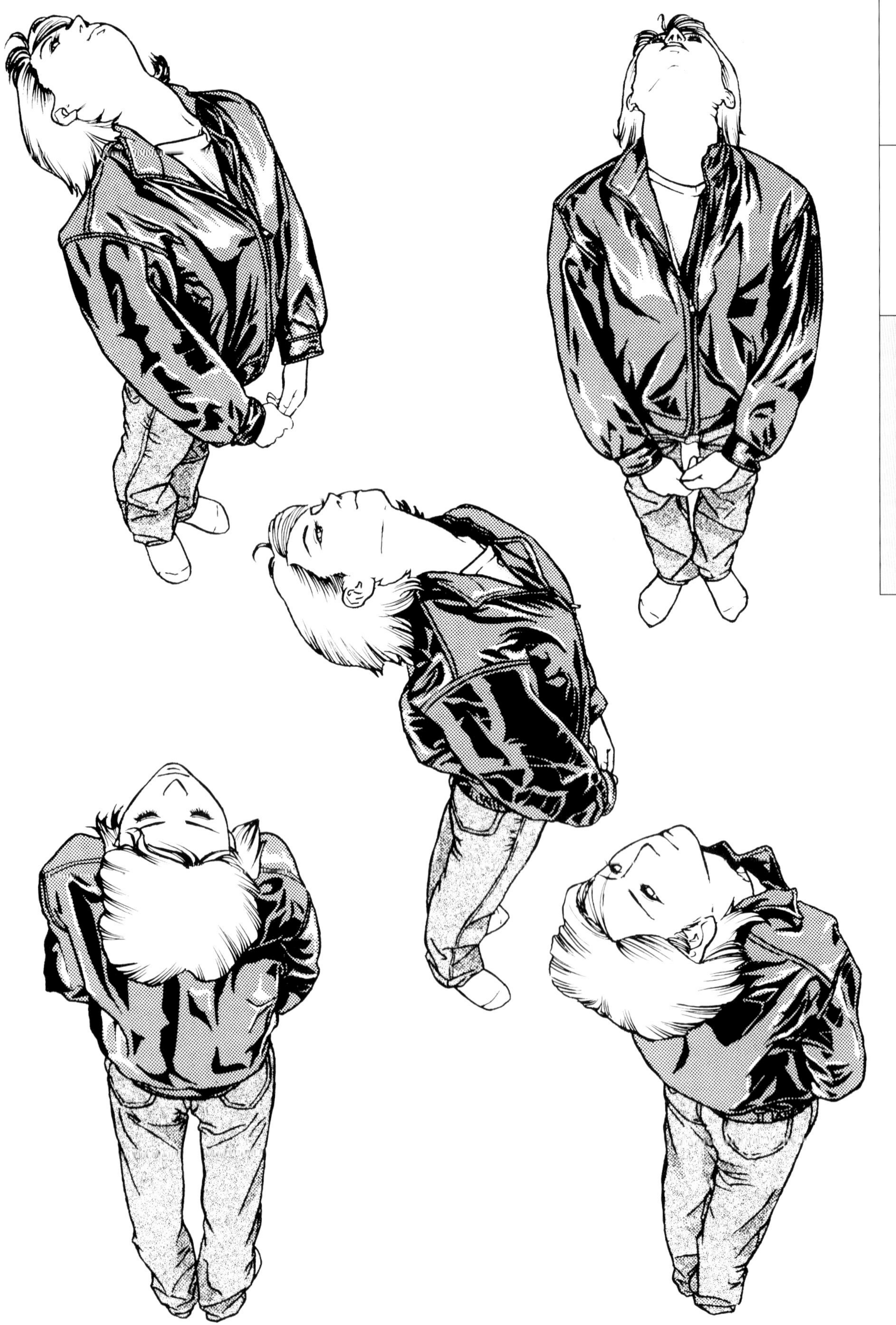

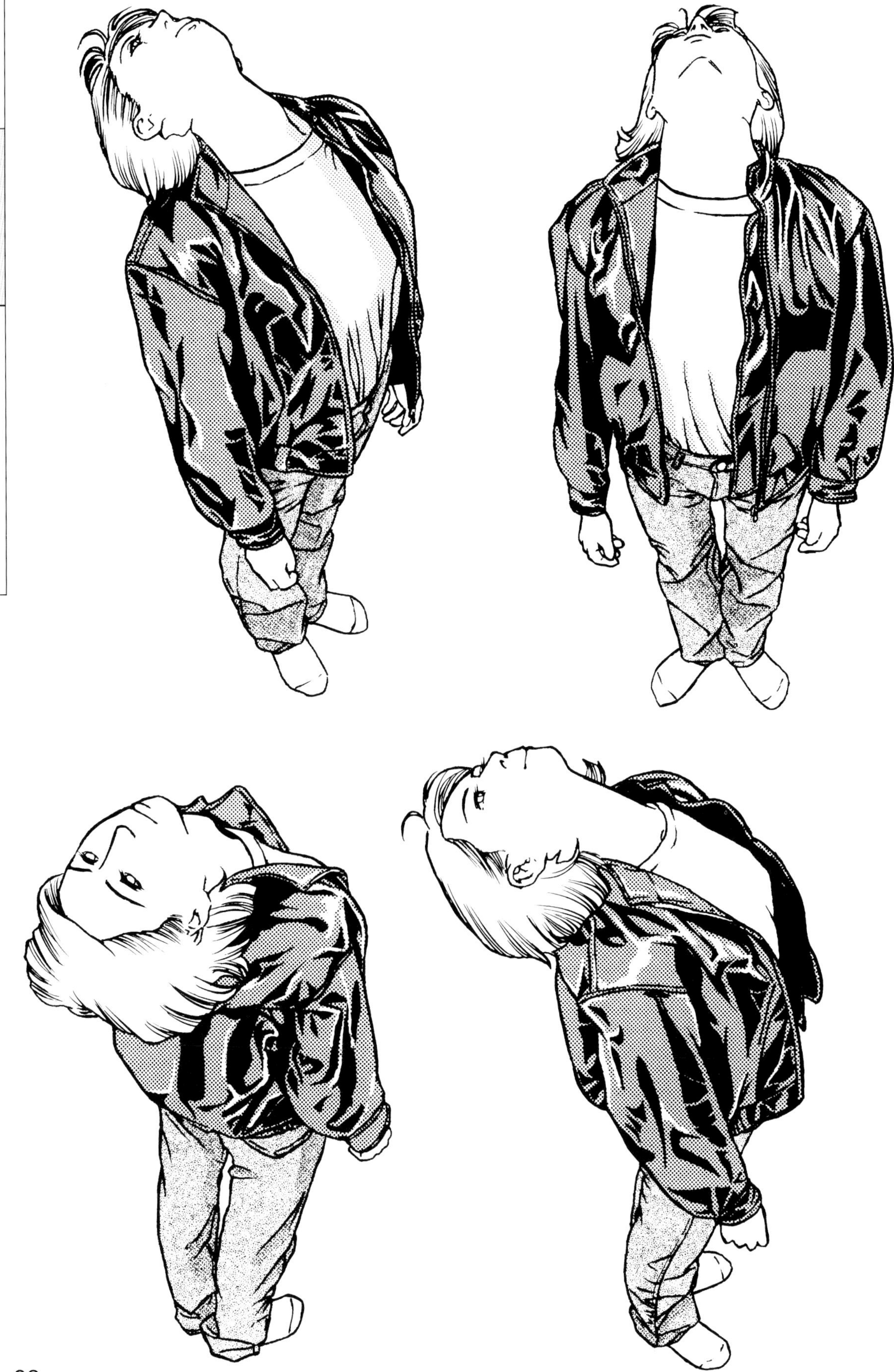

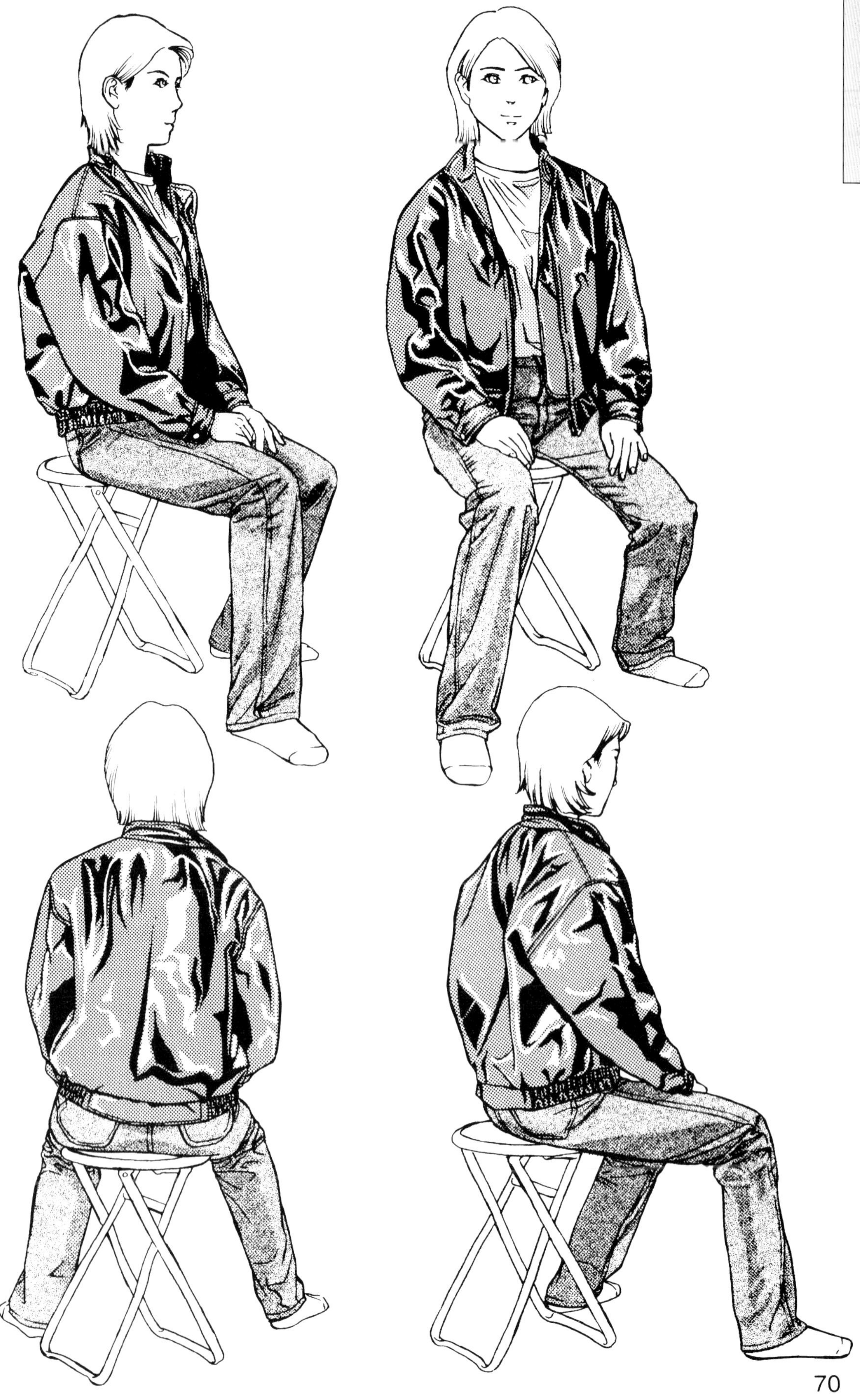

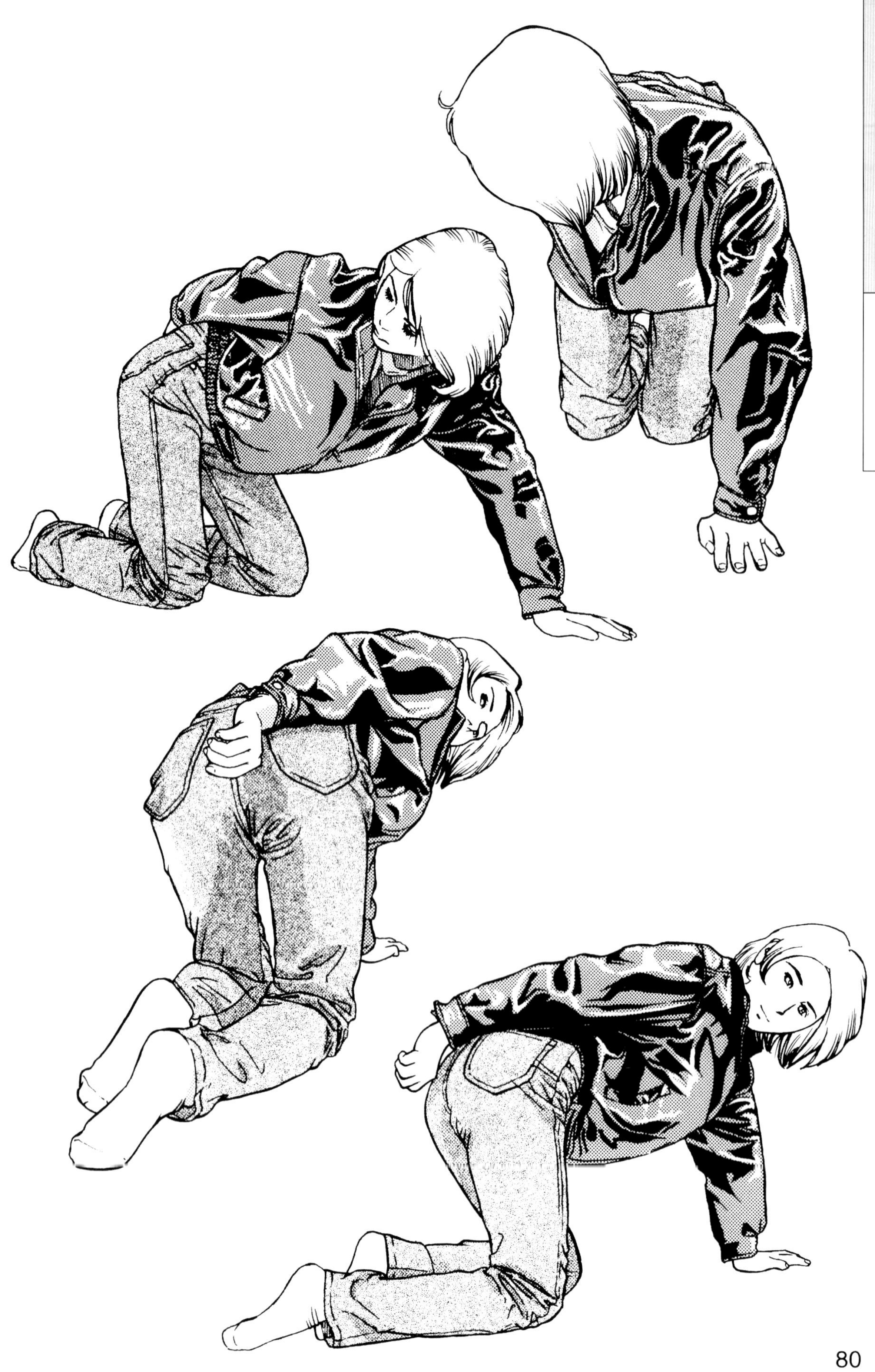

趴在地上向後回頭

不拉拉鏈

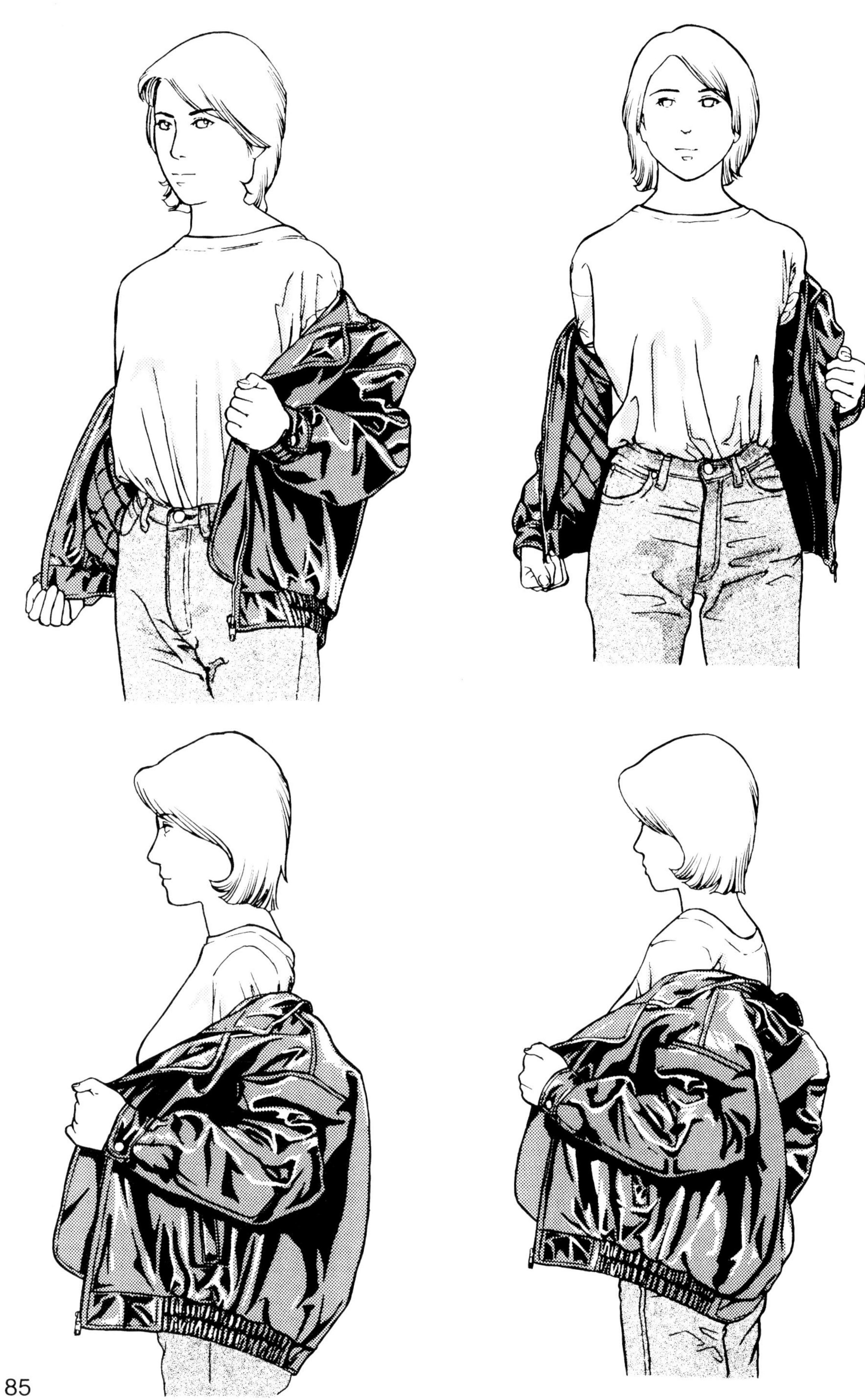

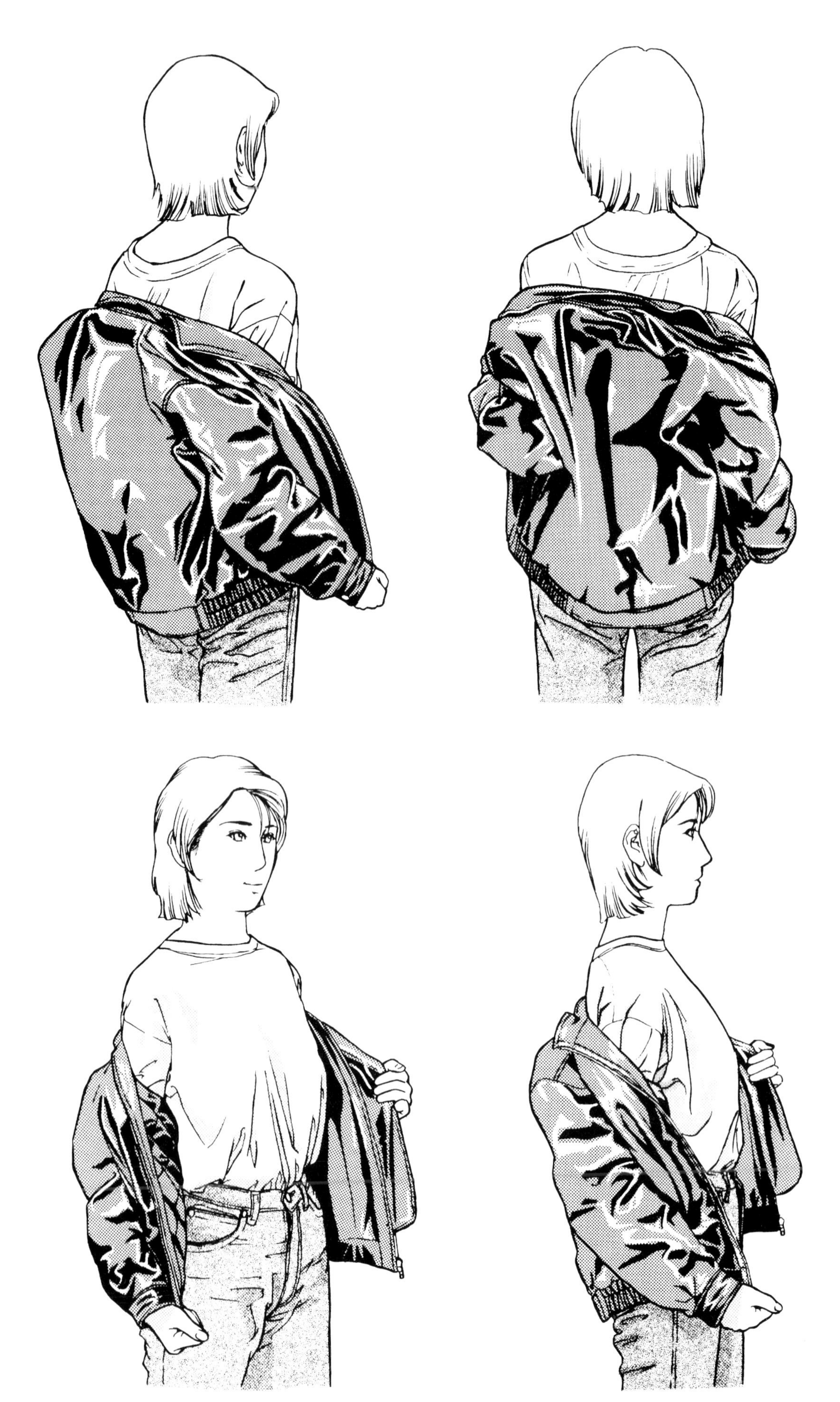

穿著T恤筆直站立

我們來看看原本被短上衣遮掩住的牛仔褲的腰圍。

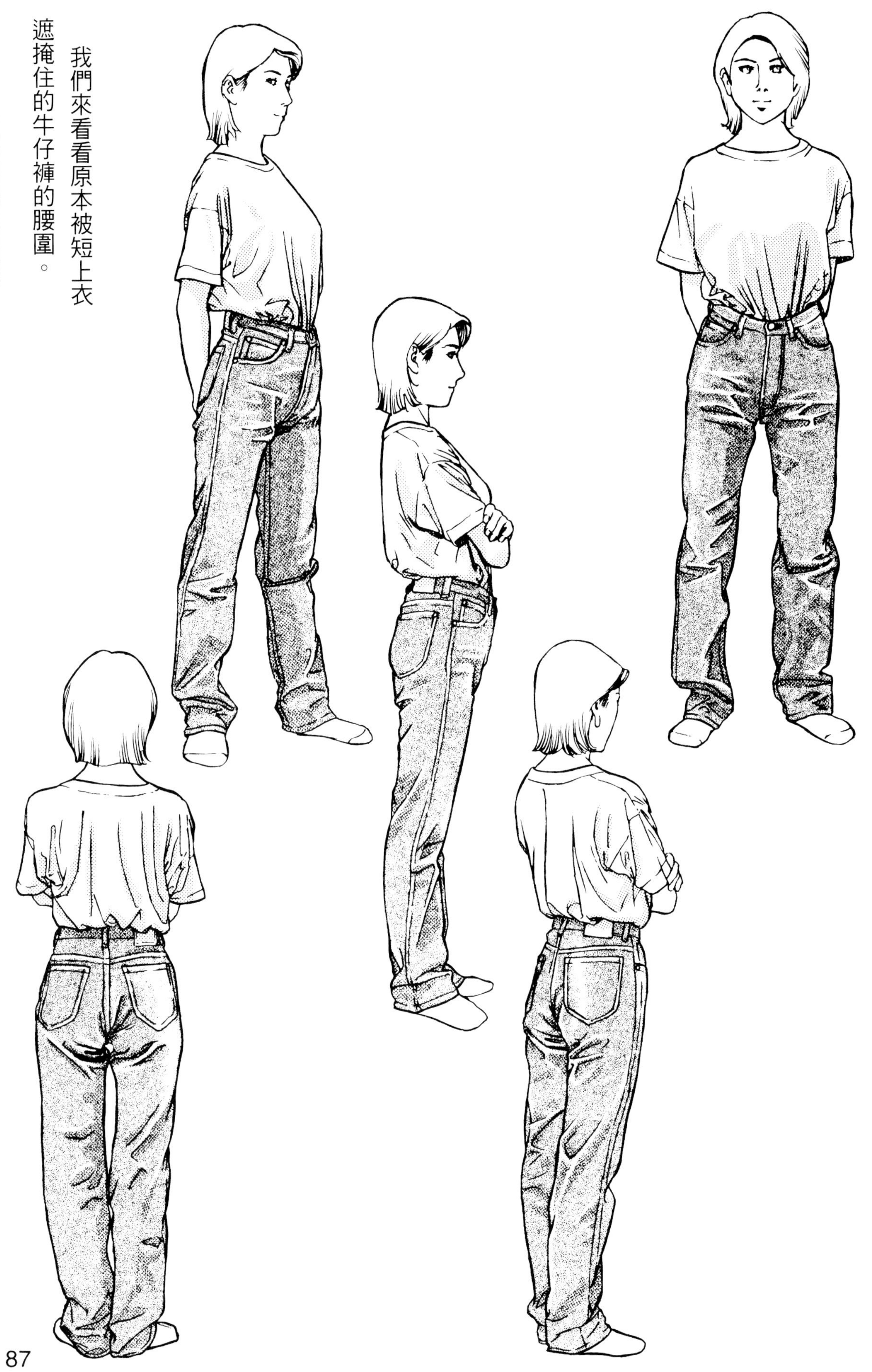

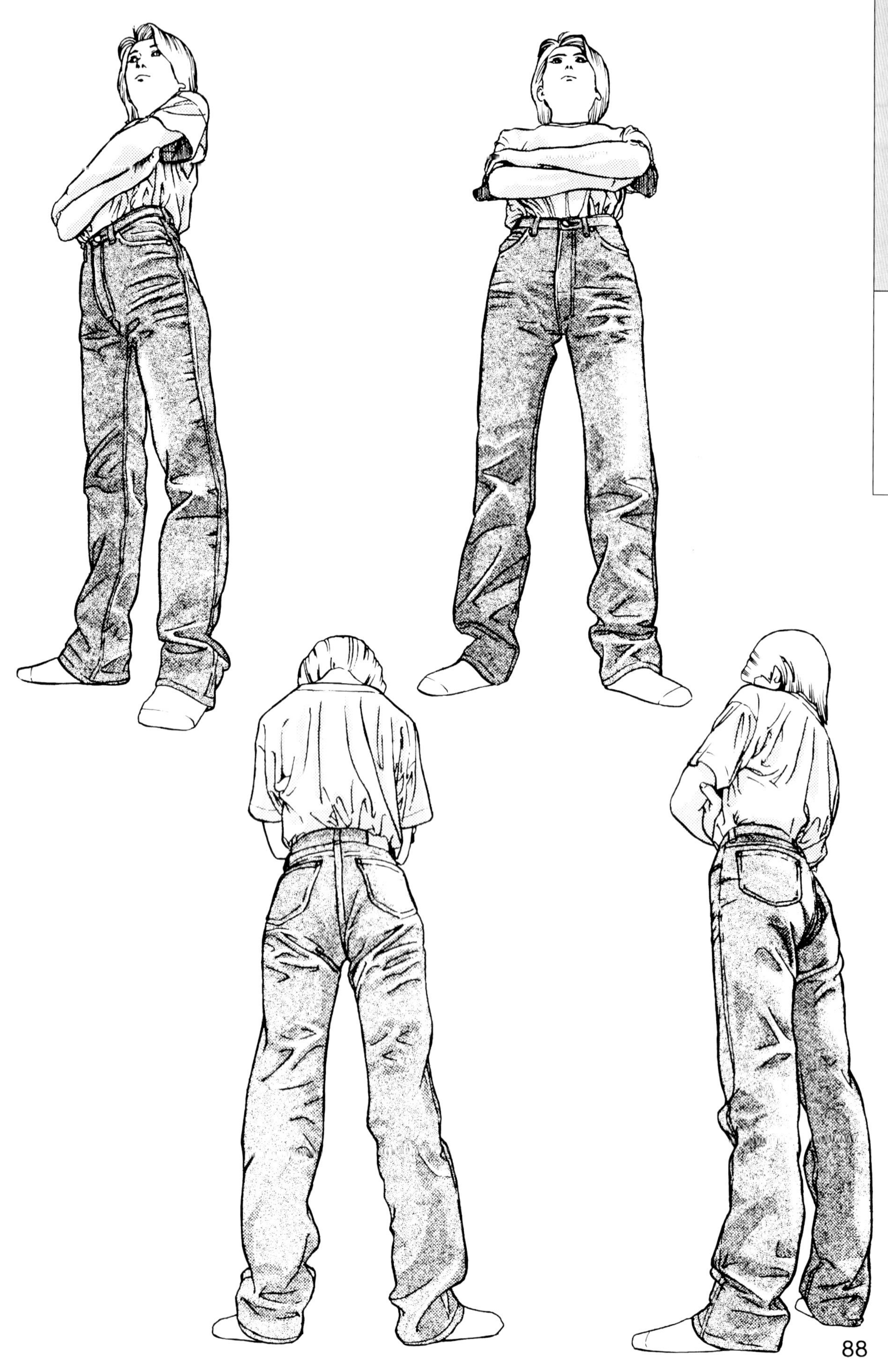

穿著T恤端正地跪坐

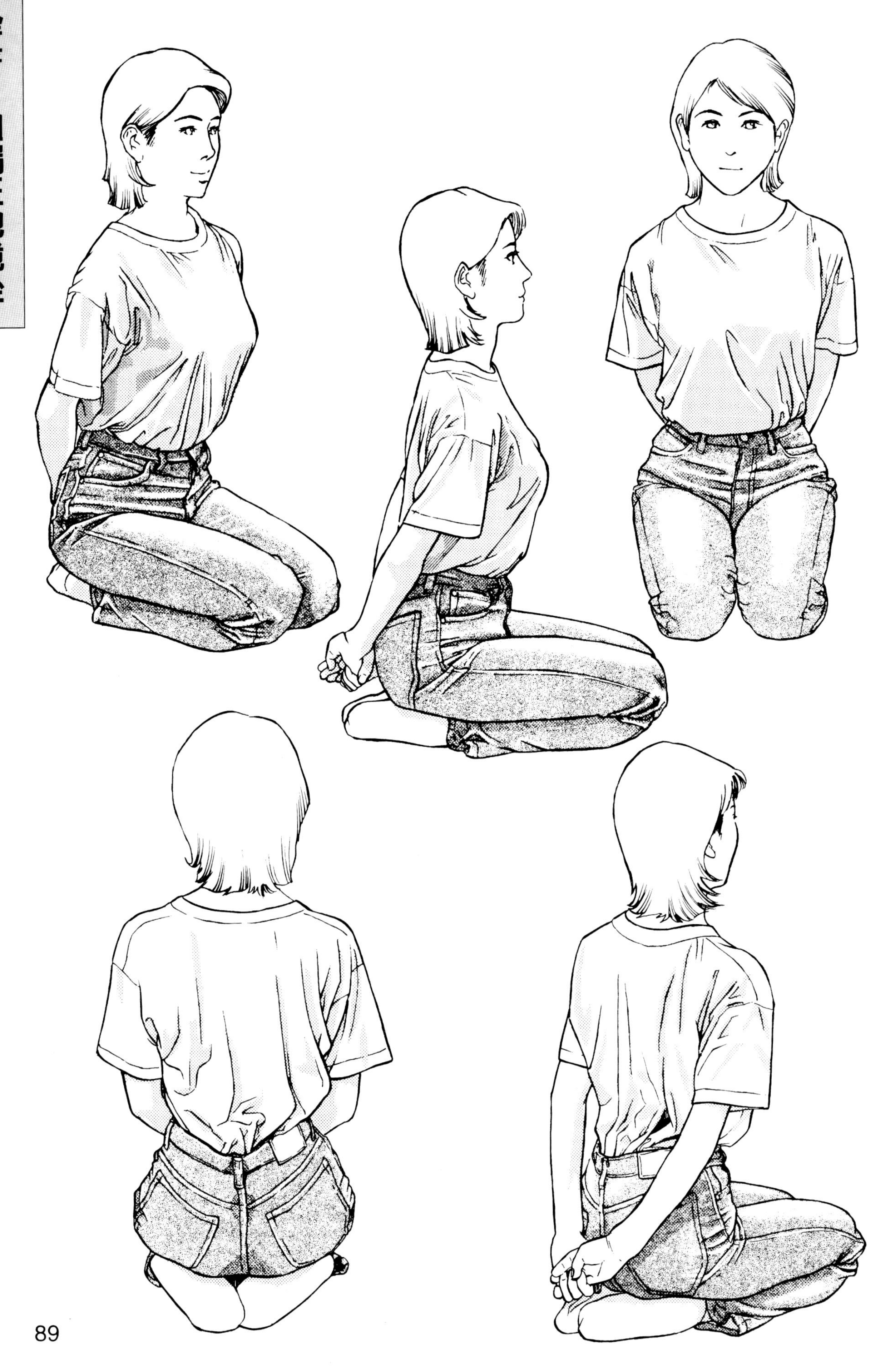

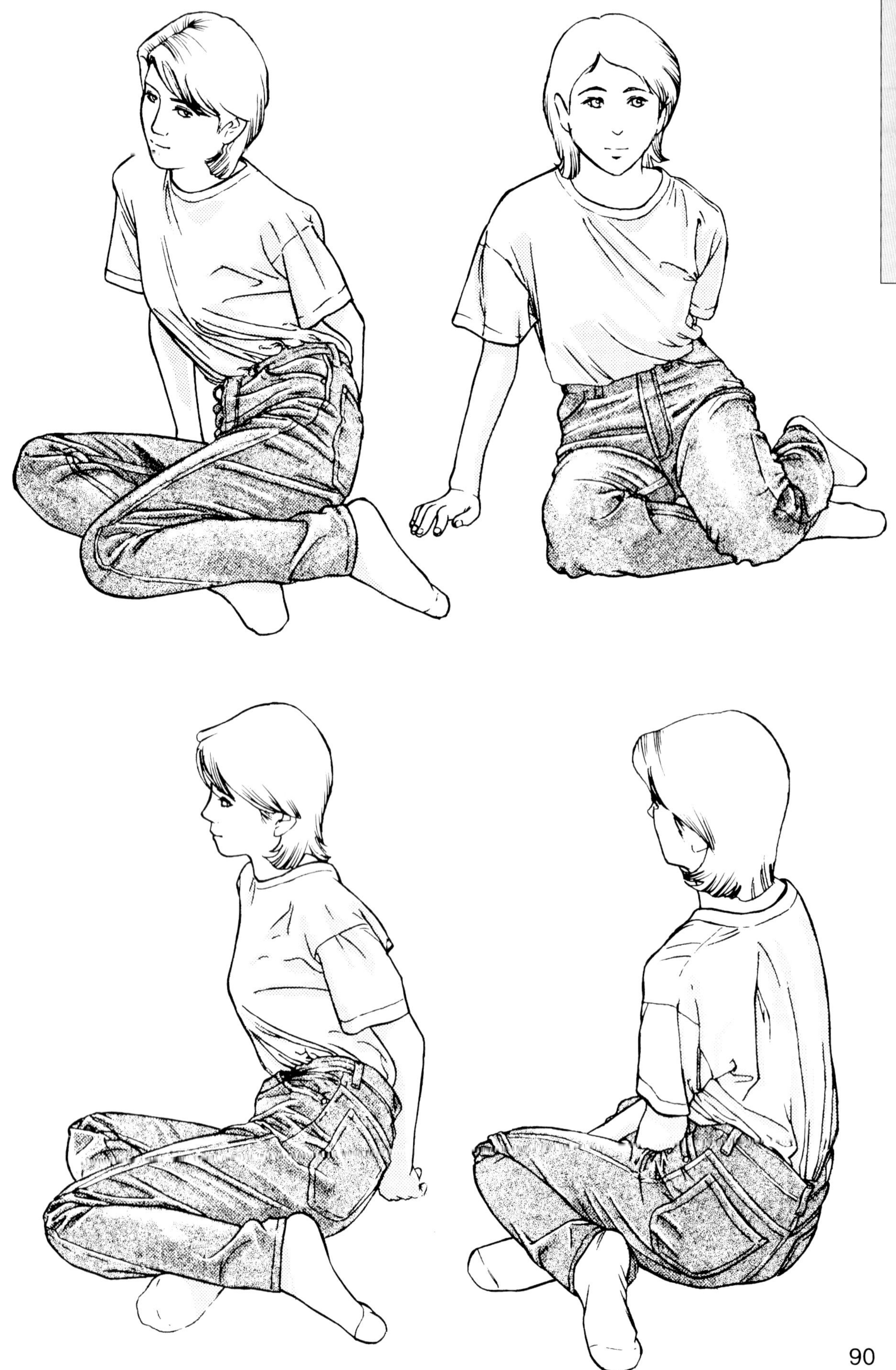

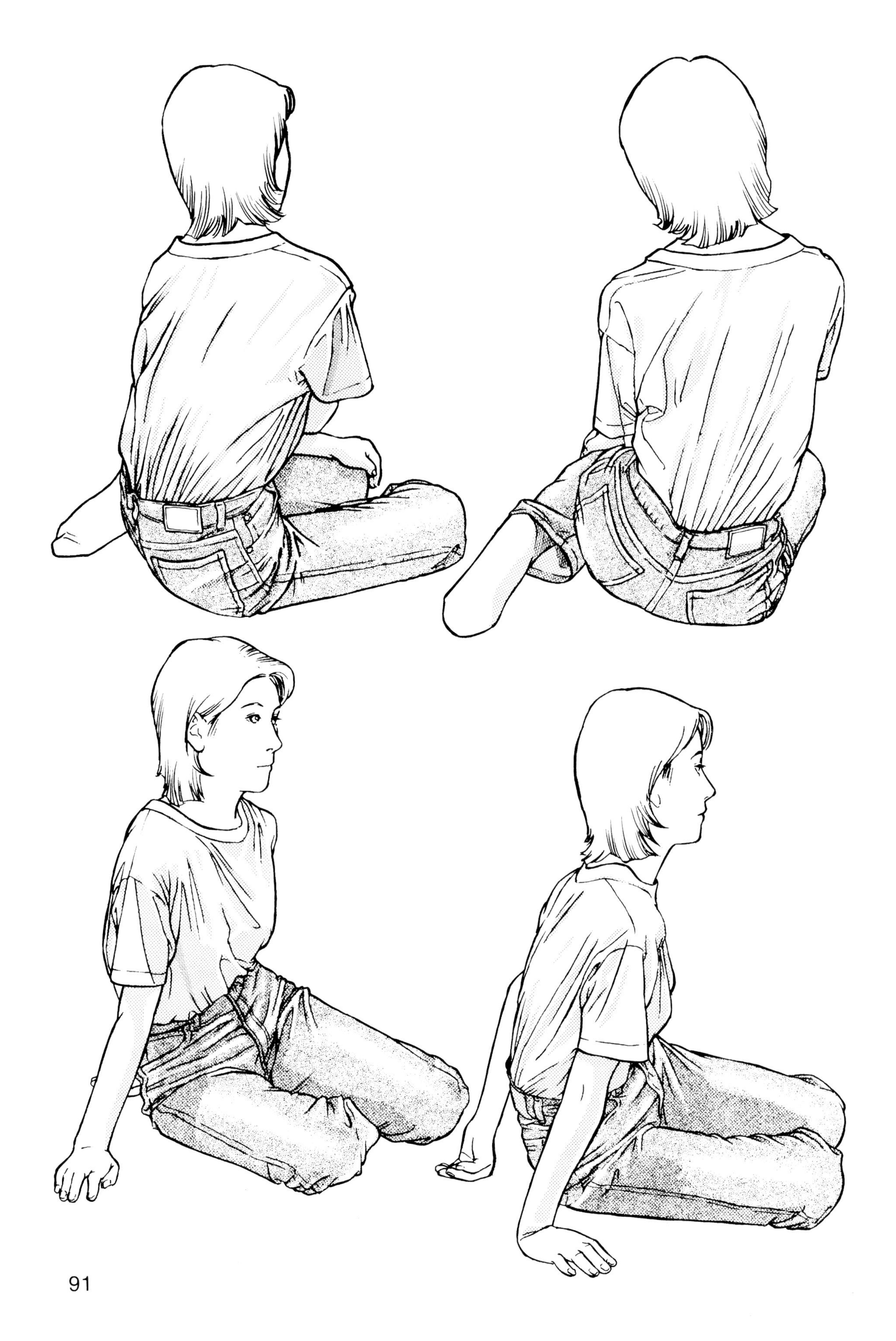

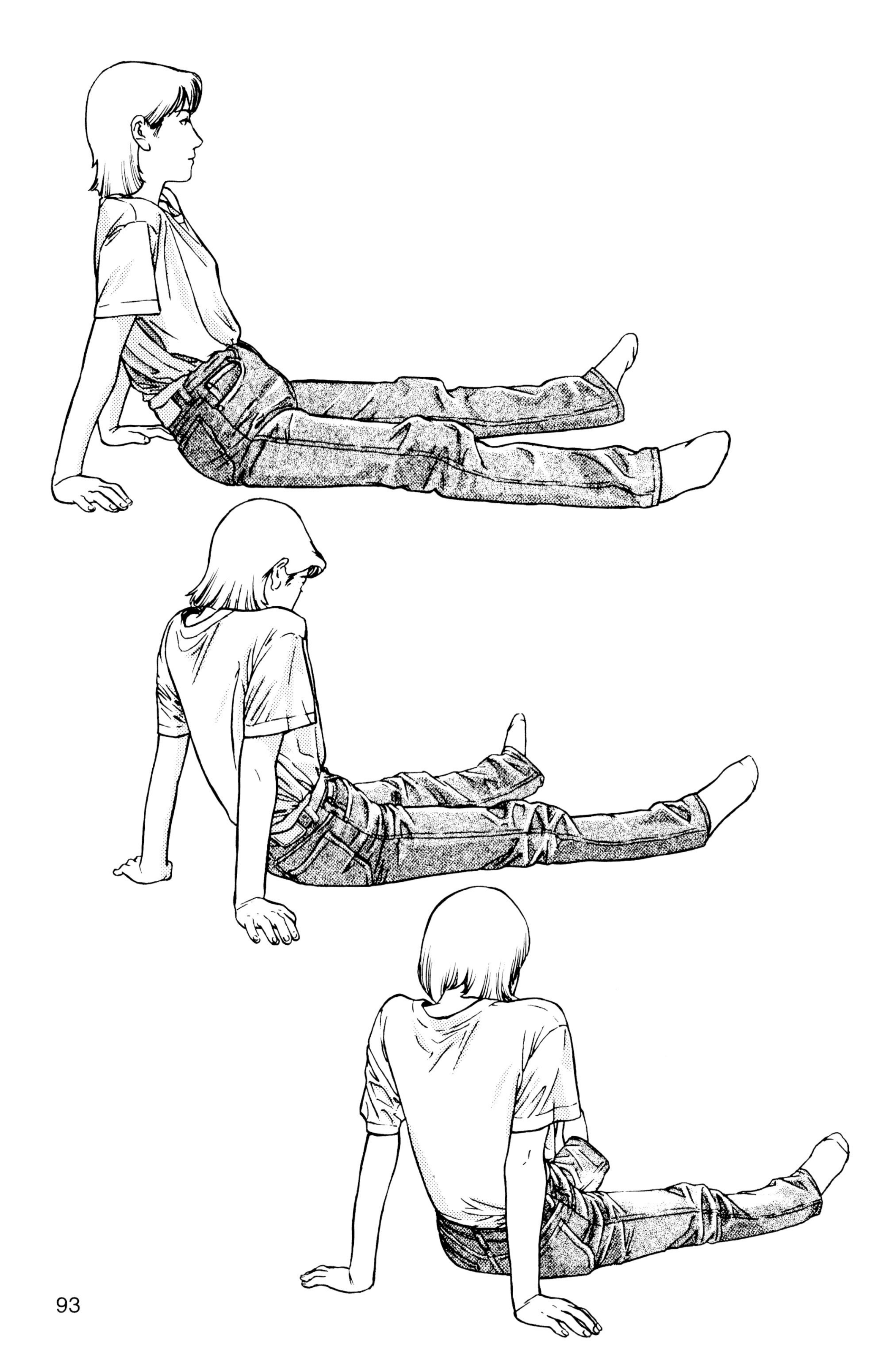

穿著T恤單腿跪下

穿著T恤坐在椅子上

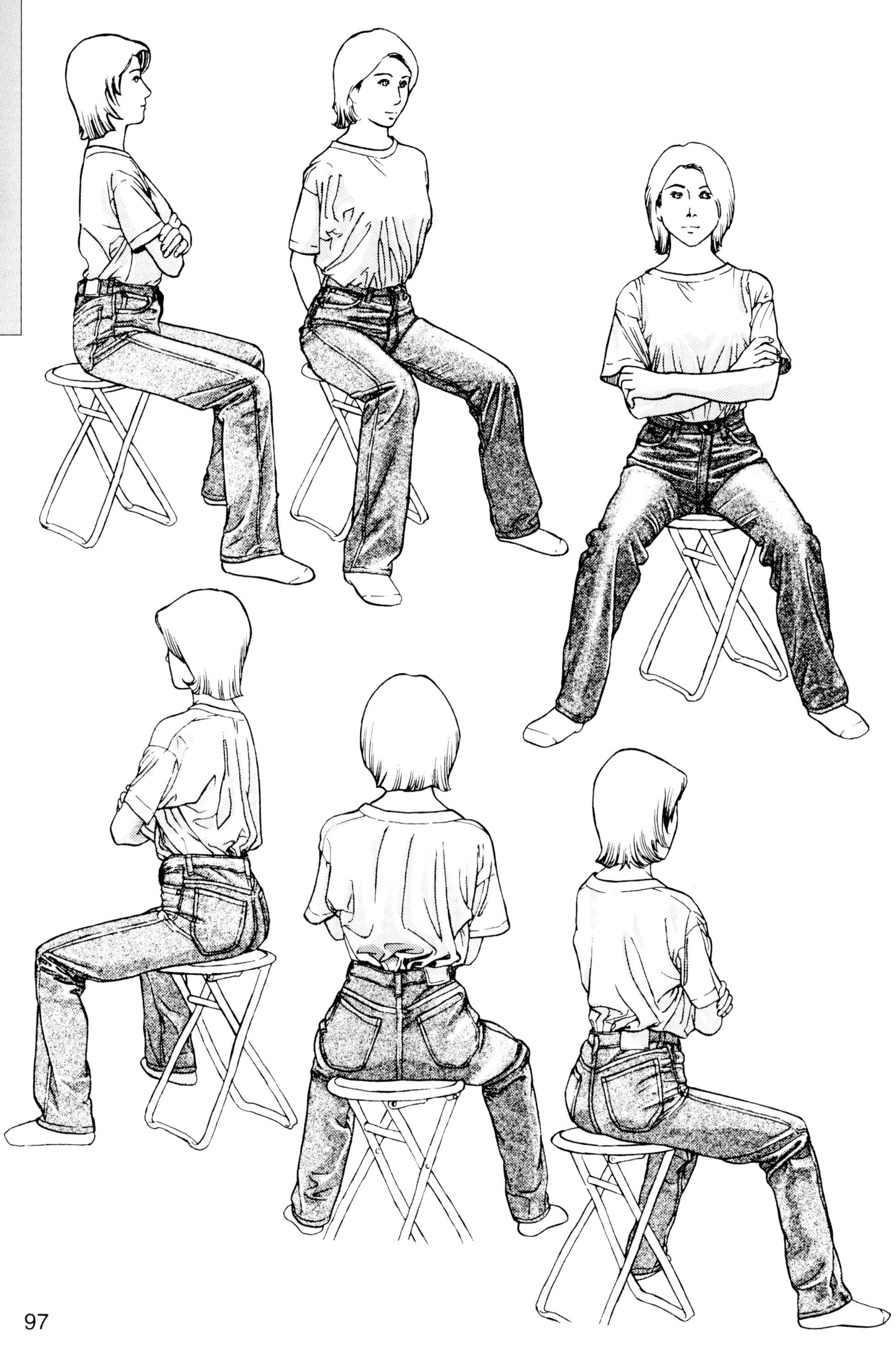

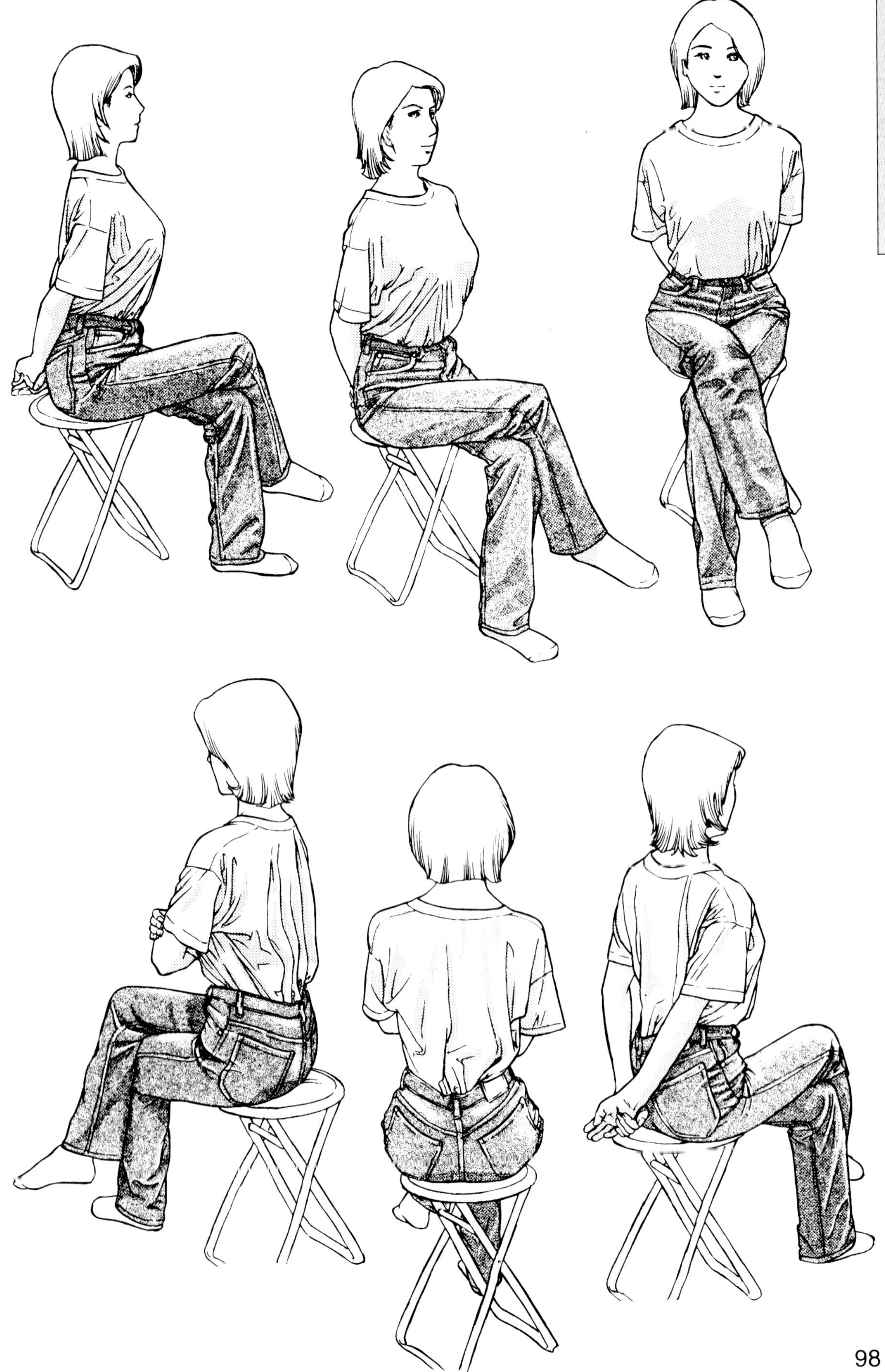

第2章 內衣褲

內衣褲

基本上來說，內衣褲不是從外面所能看得到的。而且，異性的內衣褲也不會隨便讓人看，所以畫內衣褲，是件非常麻煩的事。因此，在這裡我們就來看看各種內衣褲的樣式。

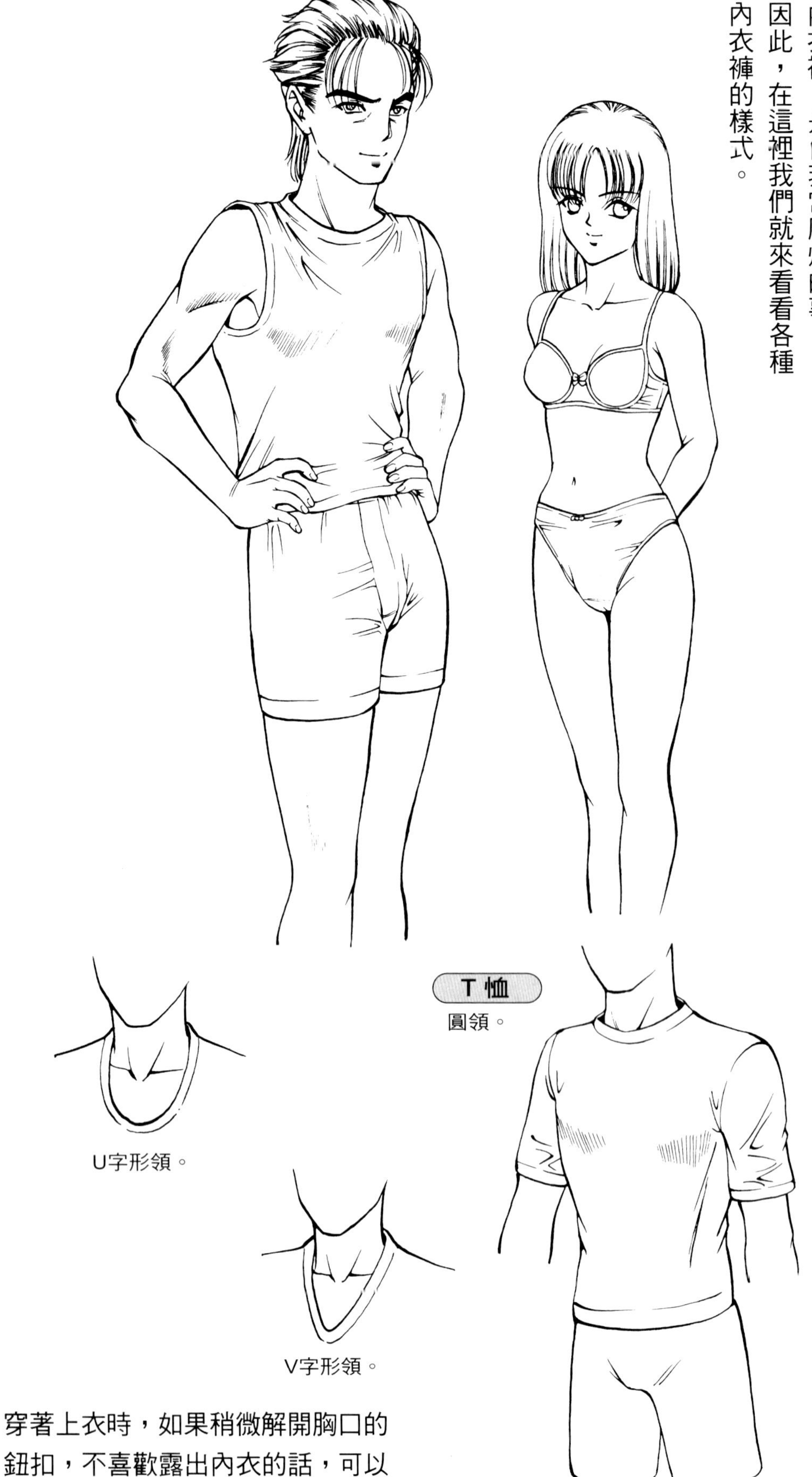

圓領。

U字形領。

V字形領。

男性用內衣褲…汗衫

男性穿的內衣，也叫做汗衫。最基本的是T恤的型式，其他常見的有無袖內衣、背心、衝浪衫等。

以領口線來區分，大致上可以分為圖上這三種。

穿著上衣時，如果稍微解開胸口的鈕扣，不喜歡露出內衣的話，可以穿上U 字形領或V字形領的內衣。

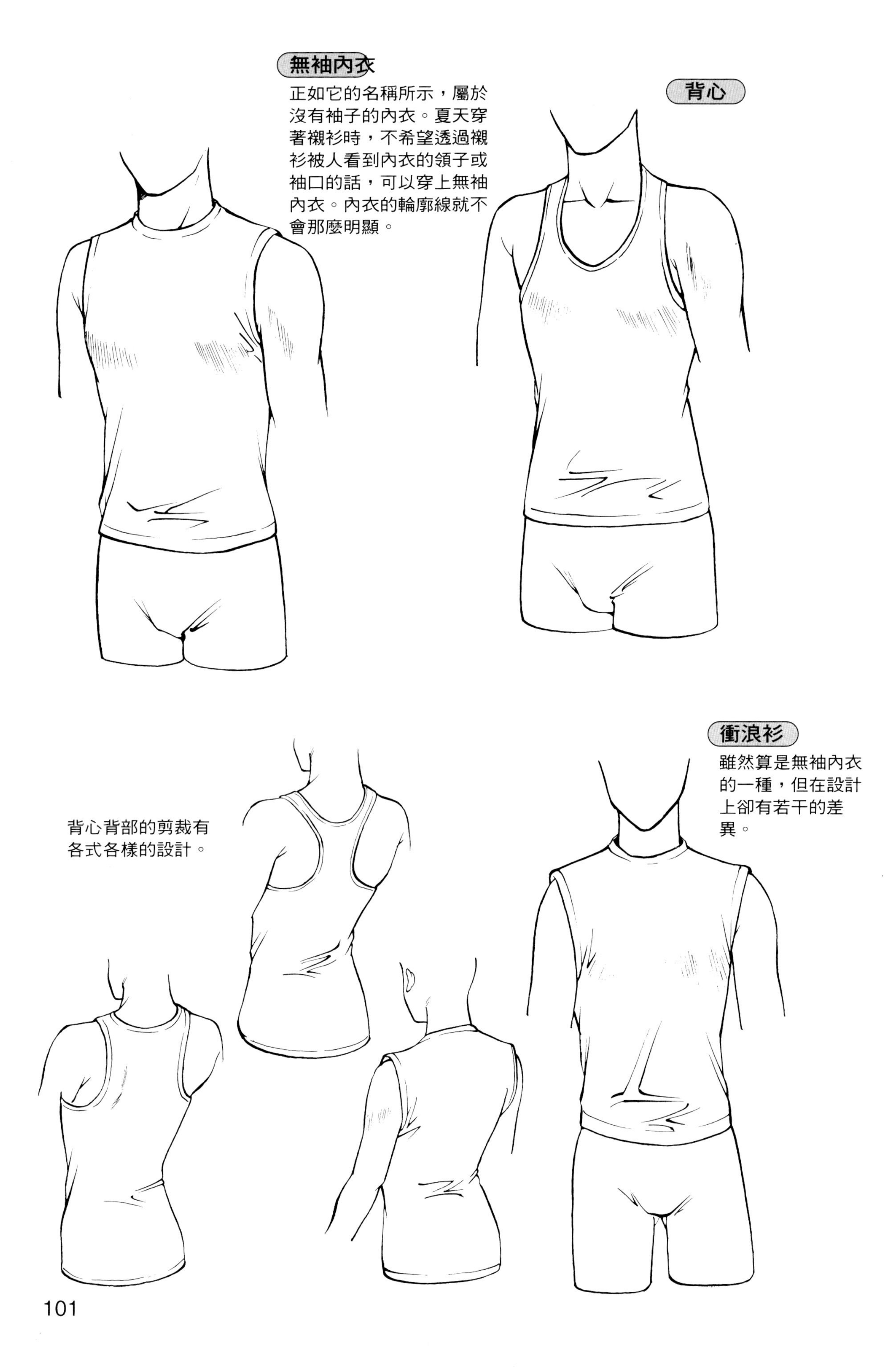
無袖內衣
正如它的名稱所示，屬於沒有袖子的內衣。夏天穿著襯衫時，不希望透過襯衫被人看到內衣的領子或袖口的話，可以穿上無袖內衣。內衣的輪廓線就不會那麼明顯。
背心
衝浪衫
雖然算是無袖內衣的一種，但在設計上卻有若干的差異。
背心背部的剪裁有各式各樣的設計。

男性用內衣褲：內褲

男性穿的內褲，也稱為是短褲。大致上可分為三角褲、運動短褲和鬆緊帶腰短內褲。

三角褲

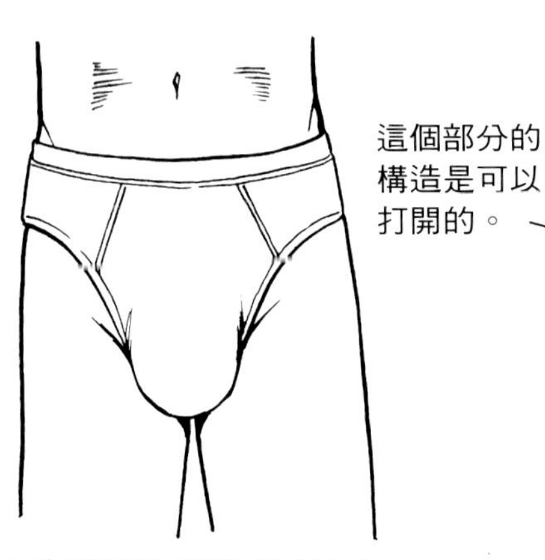

腿部剪裁比較緊的三角褲，稱為比基尼短內褲。

這個部分的構造是可以打開的。

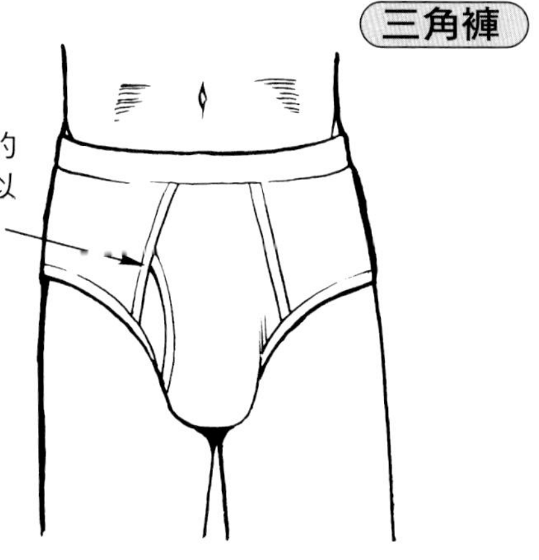

圖中的內褲是稱為三角褲的一般設計，前面部分有可以打開的構造。

鬆緊帶短內褲

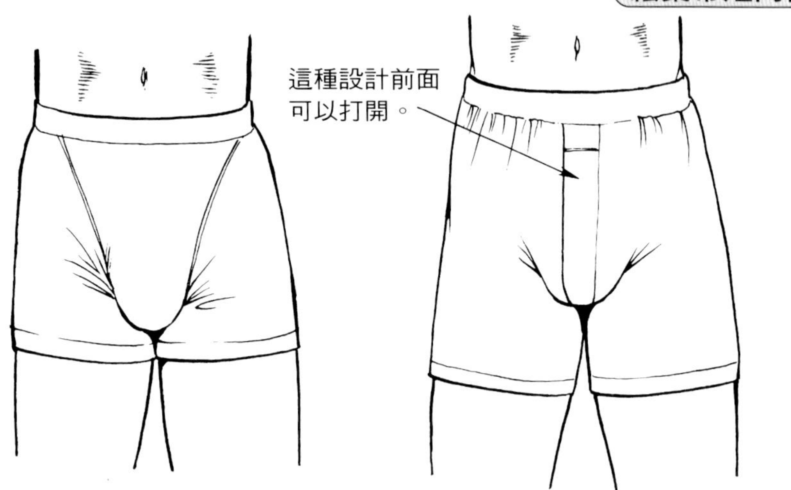

形狀與運動短褲相似，也稱為是拳擊三角褲。具有與三角褲相同的質感，非常柔軟，感覺上比較合身。

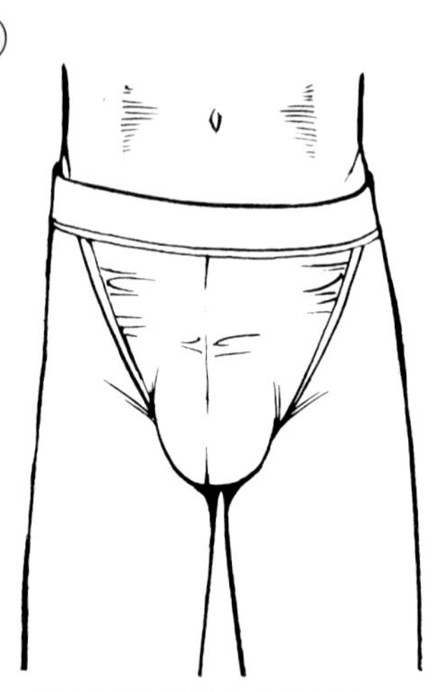

稱為超級比基尼內褲，也有腿部剪裁比較緊的設計。

運動短褲有很多種設計，如：外輪廓線不同的設計、前面可以打開與不能打開的設計等。左圖是前面不能打開的運動短褲。

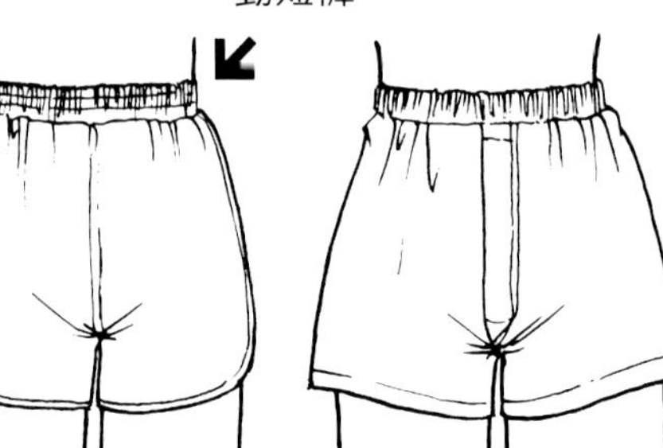

運動短褲

運動短褲給人一種硬梆梆的印象，但整體來講，卻有寬鬆的感覺。

內褲的設計因腿部的剪裁不同，使得在設計上相當多樣化。在這裡，筆者僅舉出幾種給各位參考。

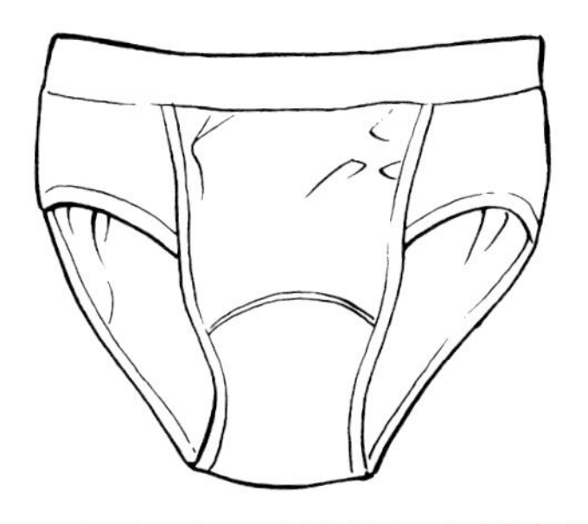
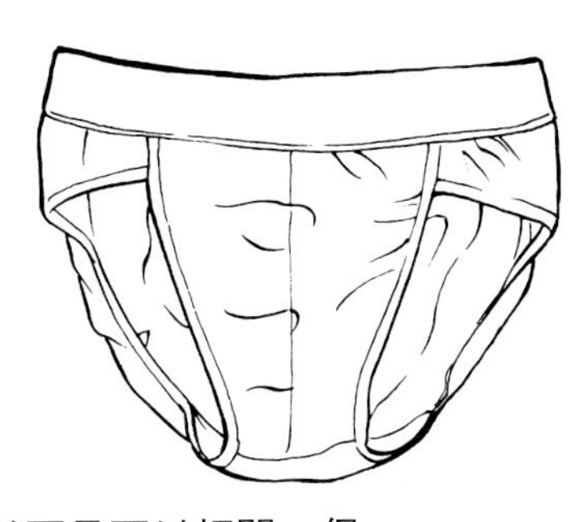
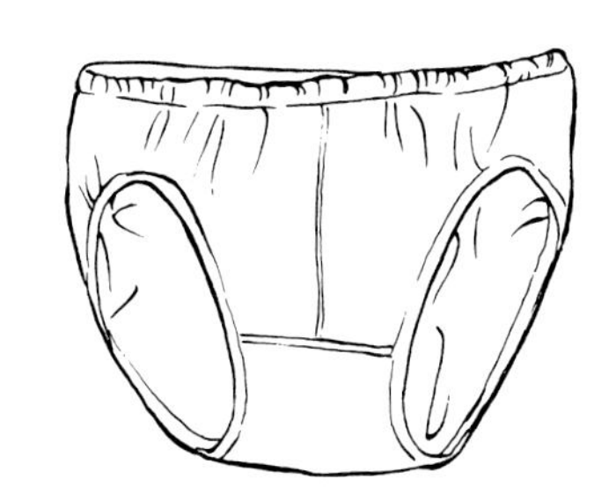

一般來說，男性的三角褲在設計上前面是可以打開。但是，也有很多男用三角褲設計成前面不能打開的樣式。

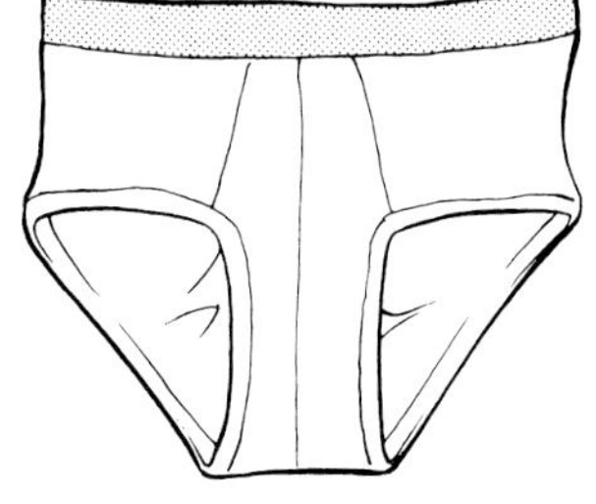
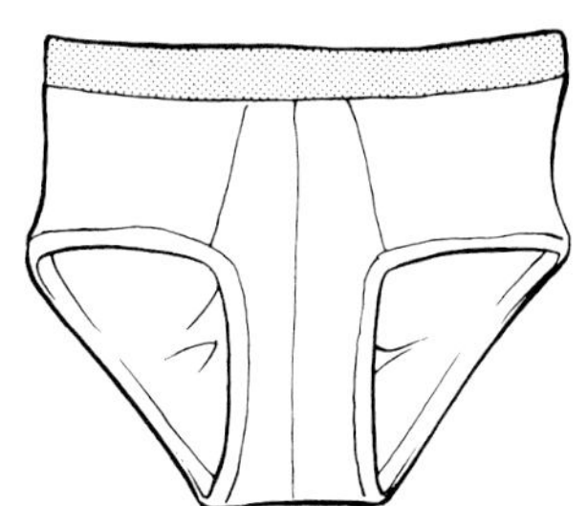
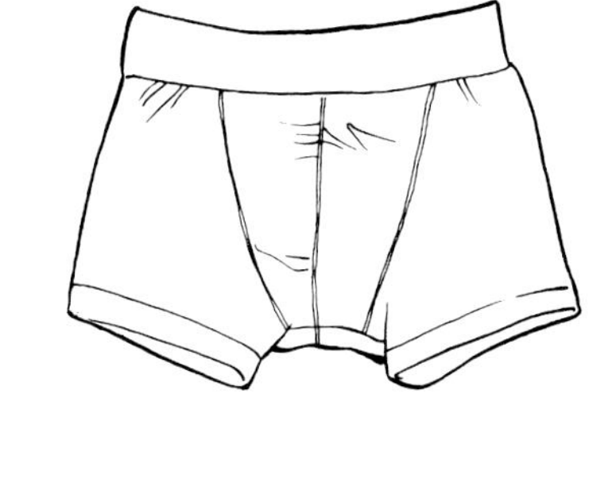

前開型的三角褲。

前開型的鬆緊帶短內褲。

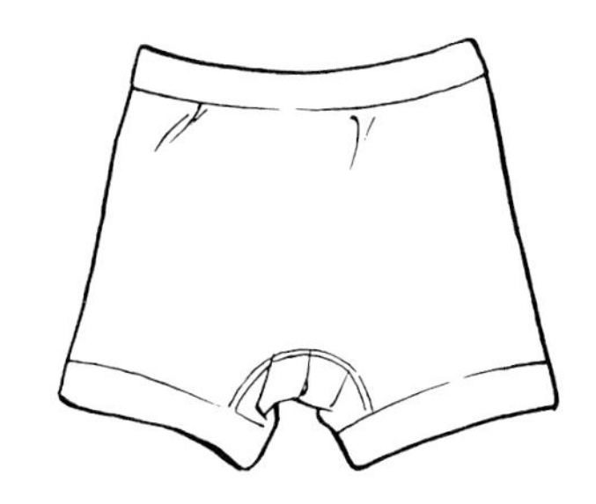
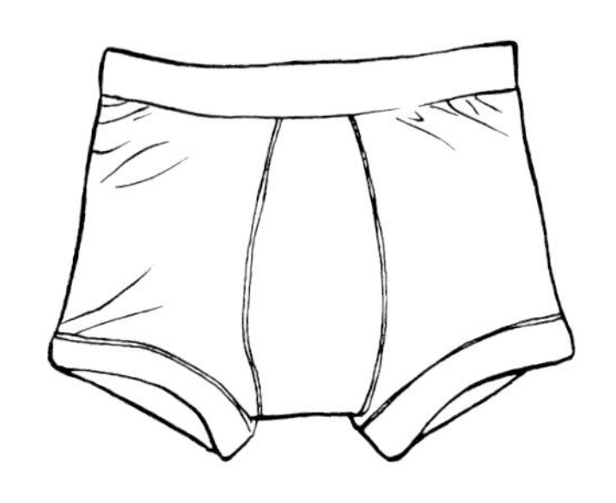

女性用內衣褲：胸罩

內衣又稱為是貼身衣，女性內衣的種類遠比男性的內衣多，在設計上也是種類繁多，多采多姿。

胸罩因人的體型、服裝、罩杯、設計或功能，而有所不同。所以，可以因所畫人物的體型或狀況等，來考慮她所戴的胸罩。

二分之一罩杯

作為繪畫的目標來講，大多是A罩杯到B罩杯左右的大小。

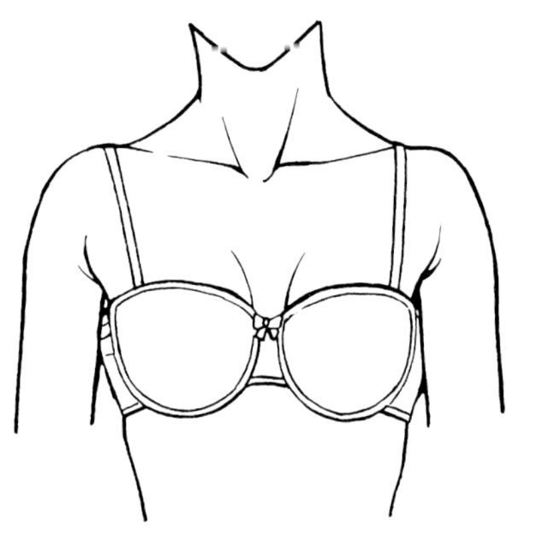

全罩杯

將整個胸部包裹住的胸罩，適合胸部豐滿的人穿戴。

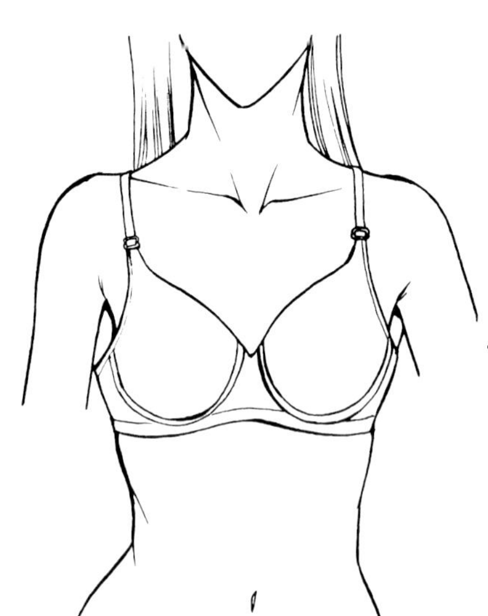

四分之三罩杯

將罩杯裁掉四分之一的胸罩，這種型式的胸罩，以在罩杯下裝入鐵絲為主，可適應任何罩杯的尺寸。

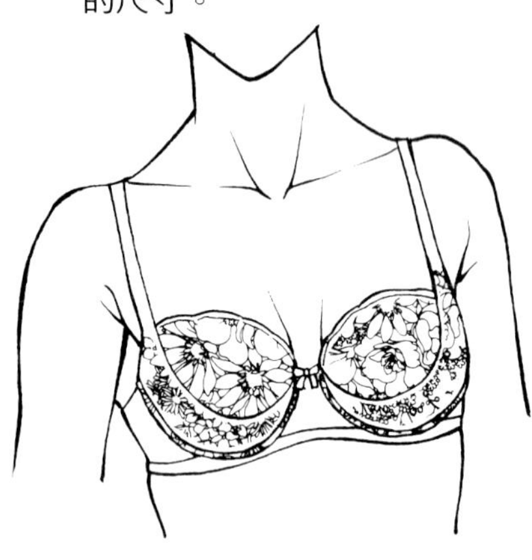

撐起型罩杯

罩杯具有兩層重疊的質料，這種罩杯用帶子將乳房從下面和旁邊向中央擠，使得胸部顯得比較人，在構造上可以形成碗形的胸部。

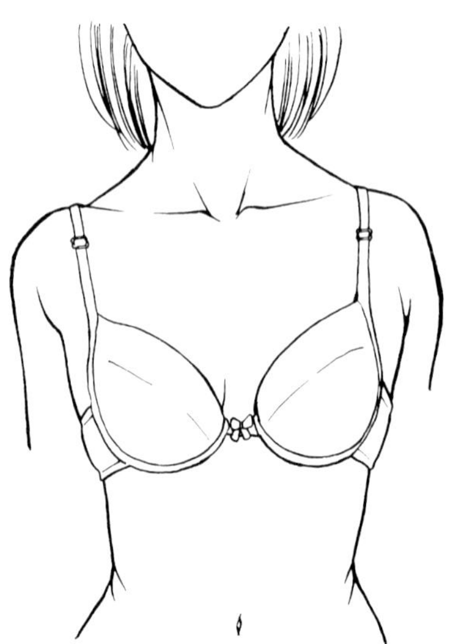

側面撐起型罩杯

稱呼的方式很多，如：上推型罩杯等等。這種類型的胸罩是從兩側將胸部往中央擠，在構造上可以形成乳溝。

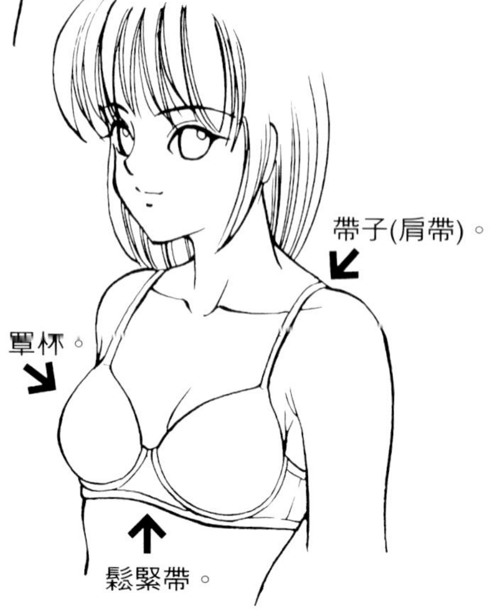

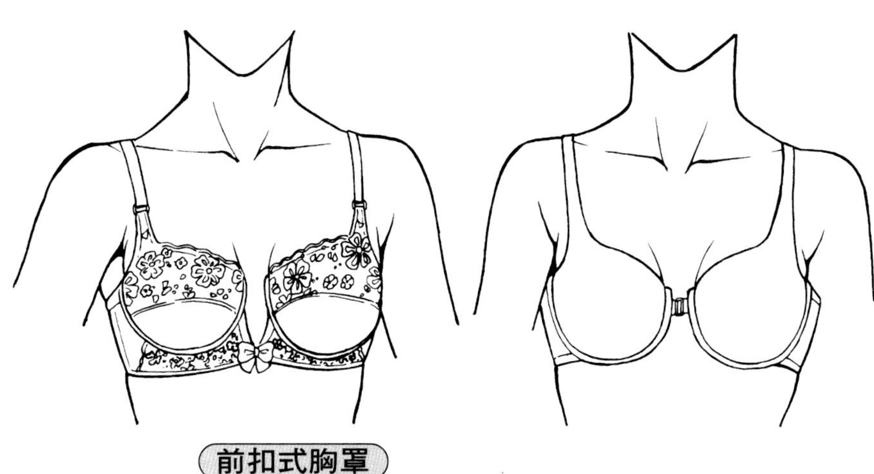

前扣式胸罩

圖中這個胸罩，兩個罩杯之間的接合處非常小，是因為那個地方有金屬卡子。不過，並不是所有的前扣式胸罩，都有這種設計。

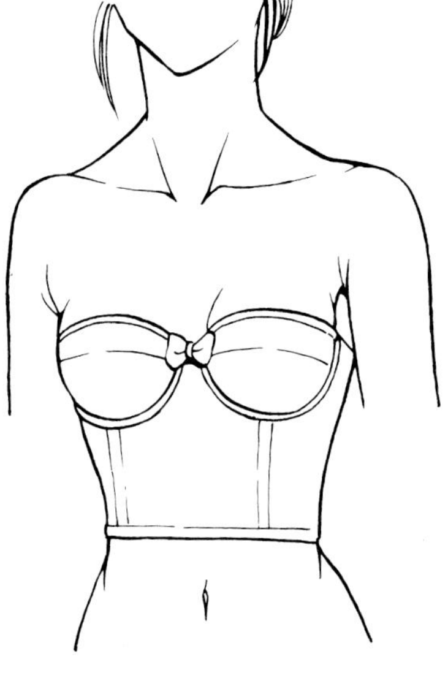

無肩帶式胸罩

這種型式的胸罩適合無肩或胸口敞開的衣服，具有能夠拆卸的功能。

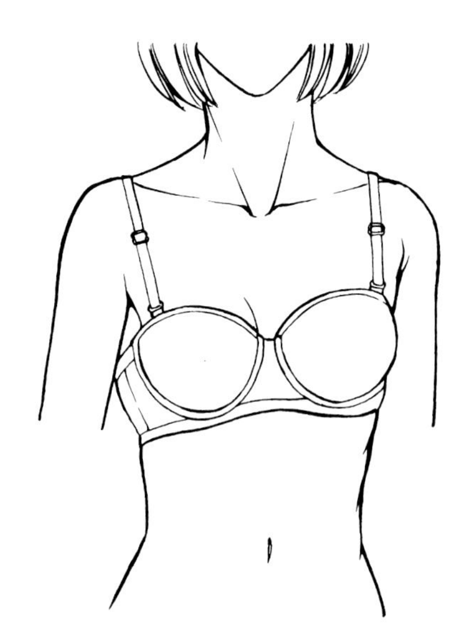

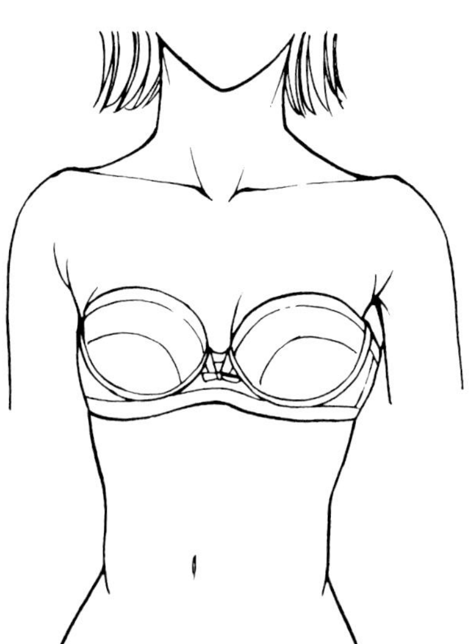

長型胸罩

罩杯下有稍長一點的帶子，這種胸罩也具有調整腰圍線的效果。另外，也有非常有趣的設計。

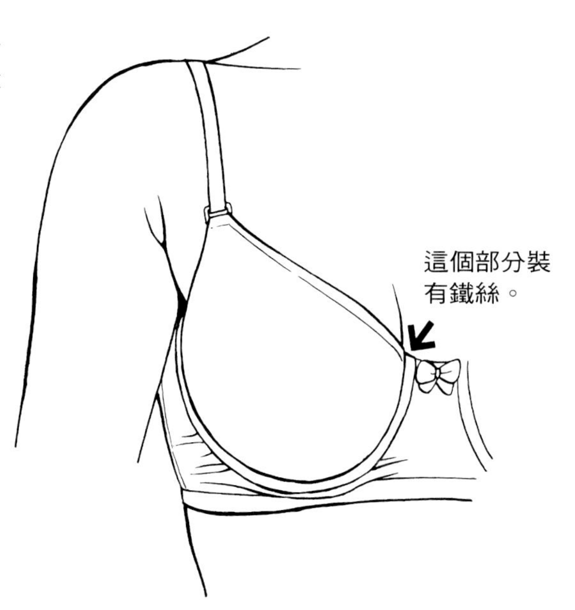

作為胸罩的功能來講，大多在罩杯下面的部分，沿著胸線裝入鐵絲。因此，在畫胸罩的罩杯時，必須考量到鐵絲沿著胸線的事實。

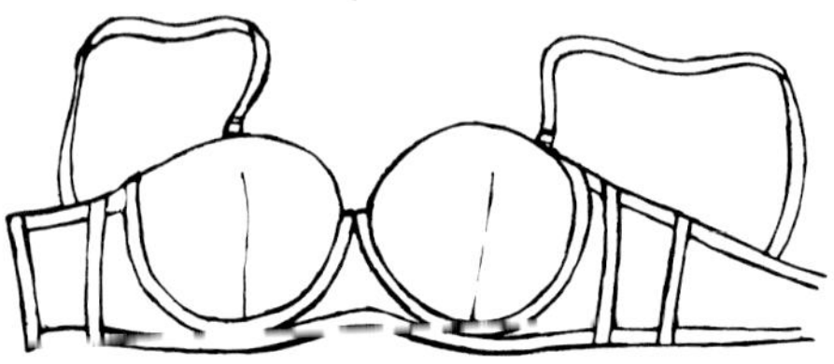

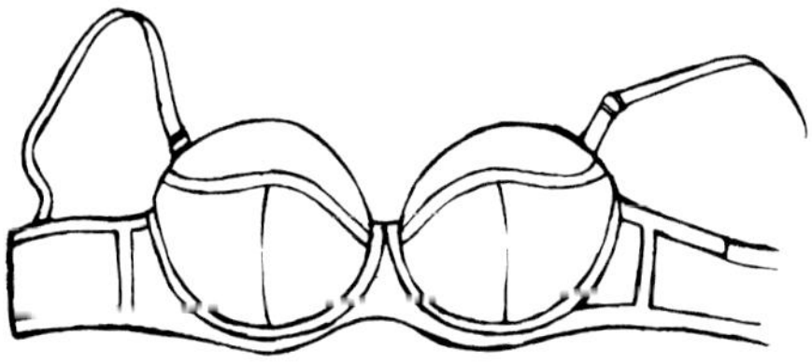

其他還有各式各樣的設計，請比較其中的差異看看。

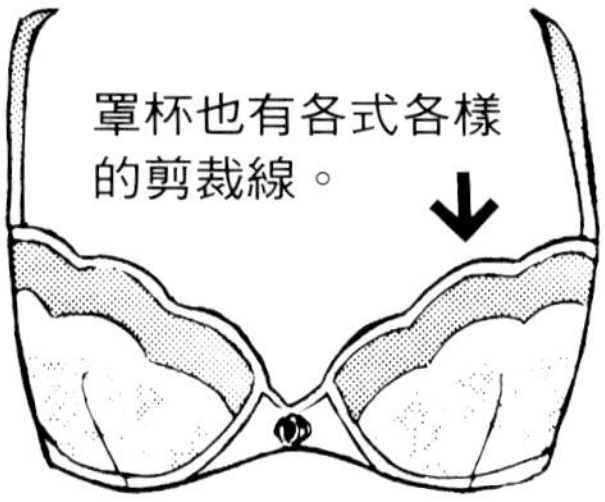

罩杯也有各式各樣的剪裁線。

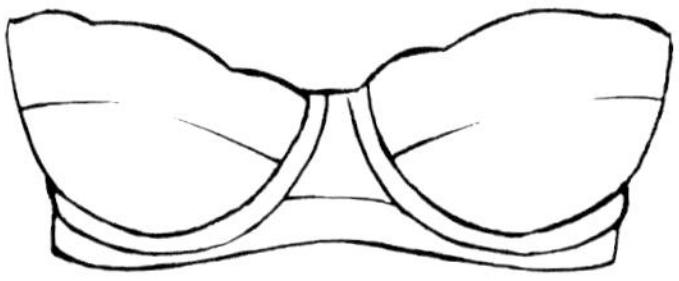

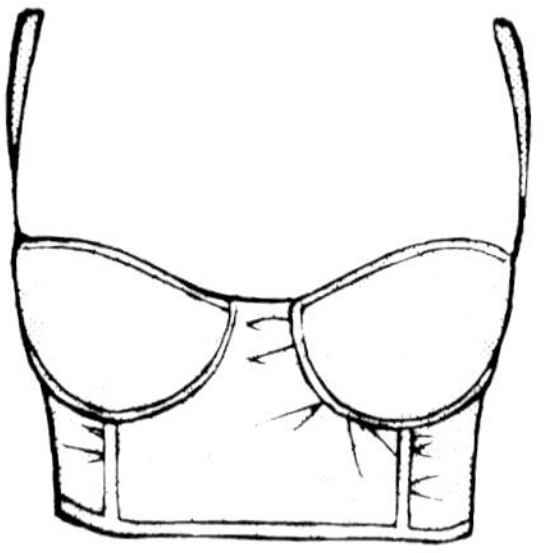

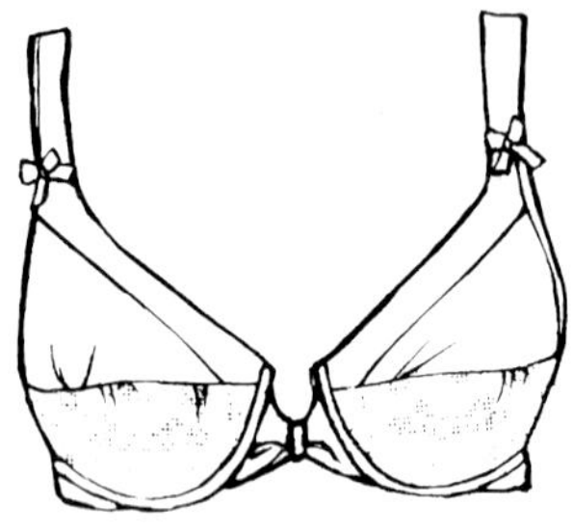

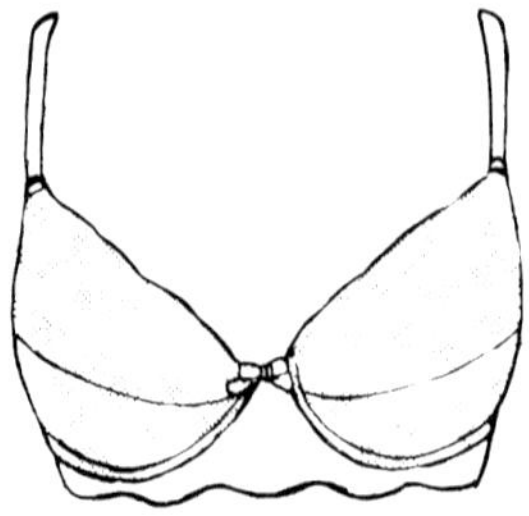

全罩杯胸罩從罩杯到肩帶為一體成型。

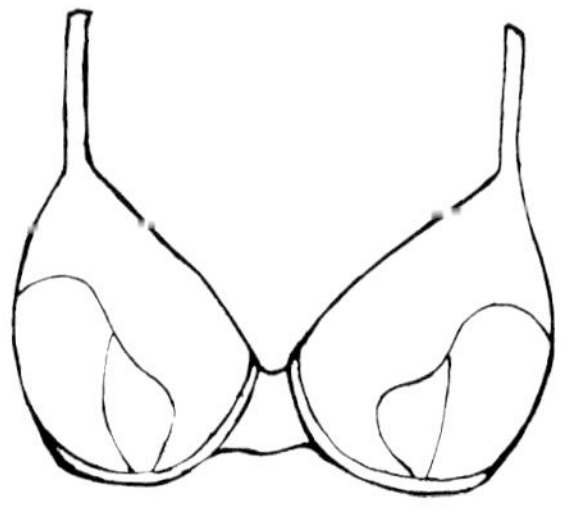

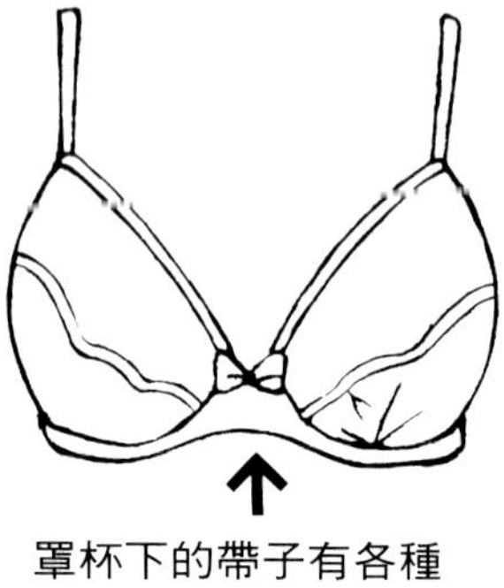

罩杯下的帶子有各種不同的設計。

女性用內衣褲：短褲

如果要正式提出來講的話，不管設計的種類或花樣，數量都非常多。所以，在這裡僅看看其基本上的分類。

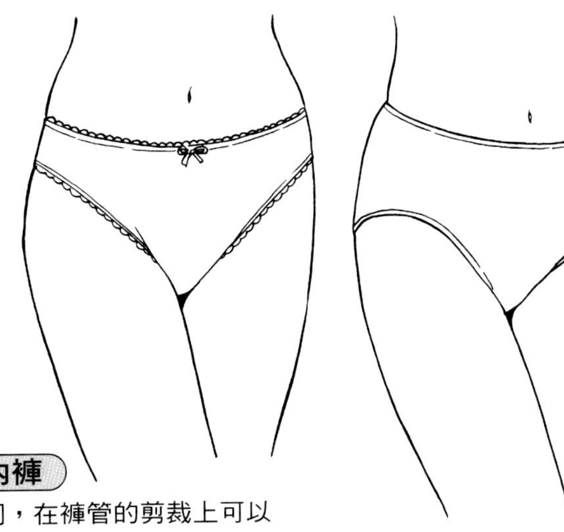

半比基尼短內褲

由於種類的不同，在褲管的剪裁上可以看出若干的差異。不過，這種女性用短褲應該算是最基本的型式。

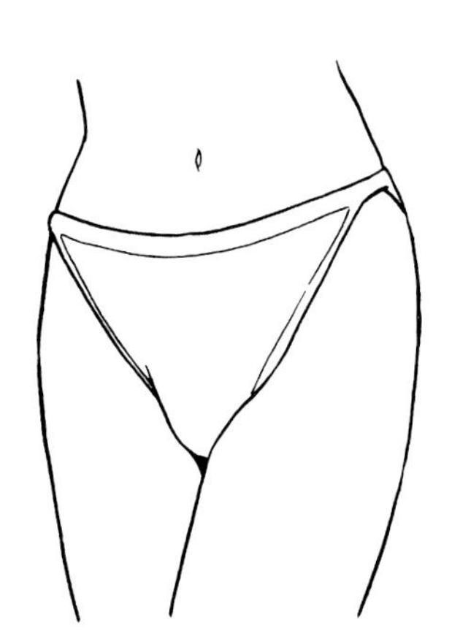

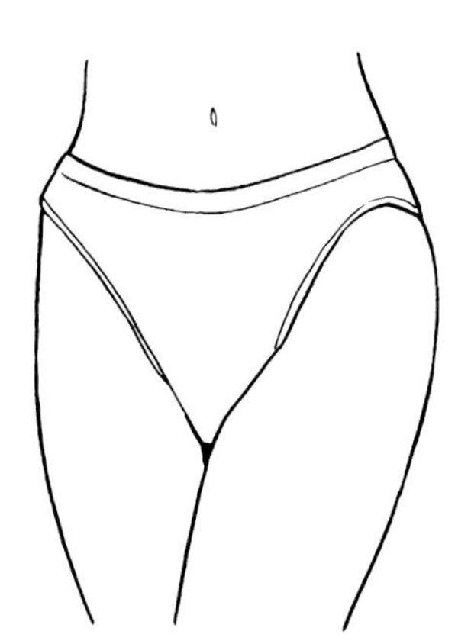

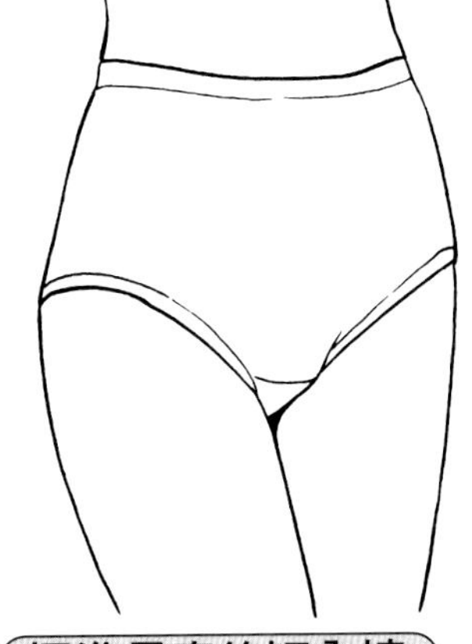

比基尼短內褲

比起作為內褲的功能來講，這種型式的內褲較具有流行的取向。穿上比基尼短內褲時，對異性可以產生吸引力。

標準長度的短內褲

給人在年幼時期穿的印象。但從內褲原有的保溫和吸汗的功能來講，長度可以遮掩肚臍的型式，可以說是基本的內褲樣式。

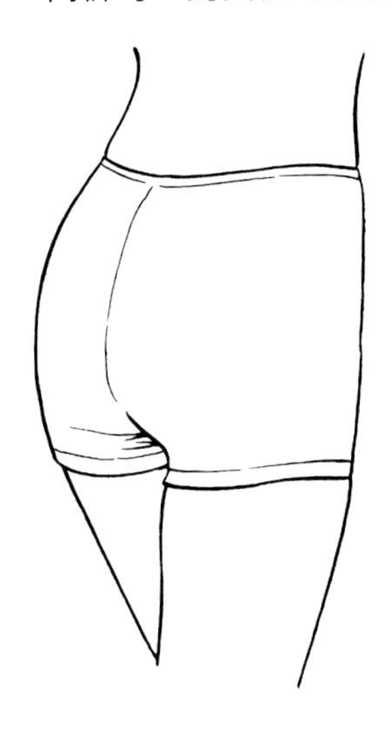

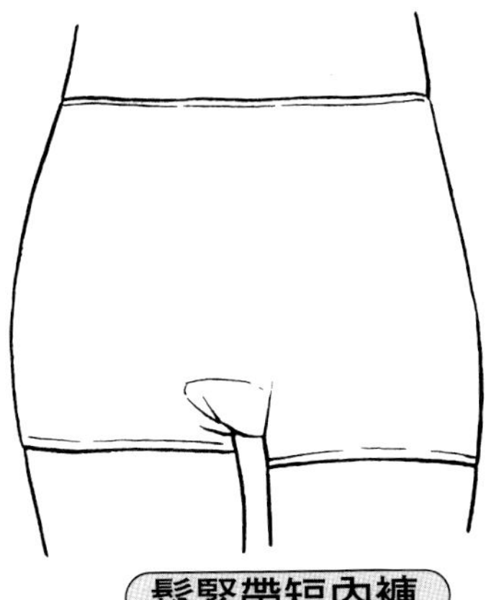

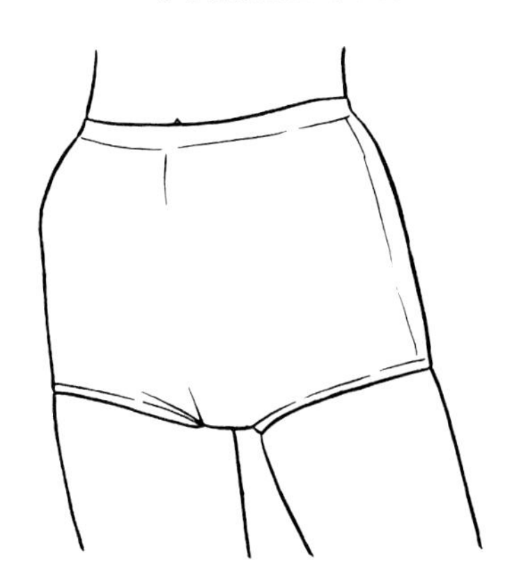

鬆緊帶短內褲

女性在穿短褲(襯裙)時，一般說來，內褲的外輪廓線會露出來。為了避免這種情況發生，有時就會選擇這種型式的短內褲來穿。

四分之一罩杯胸罩（A罩杯）

讓我們從各個角度來看看！

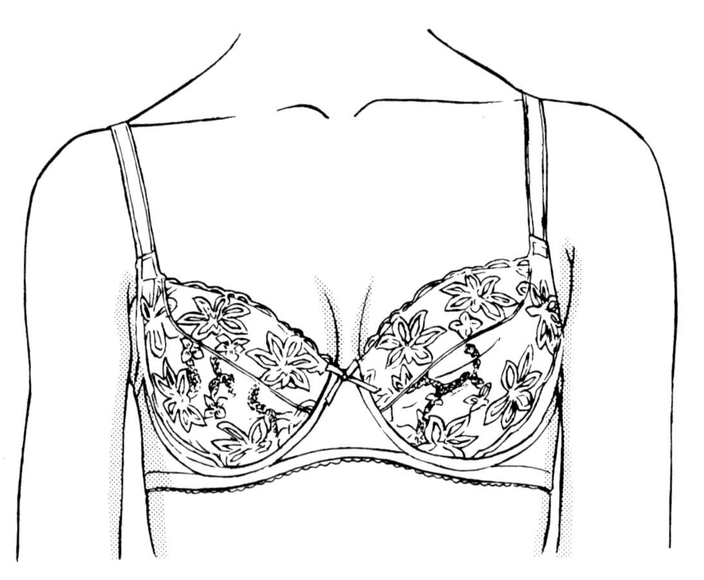

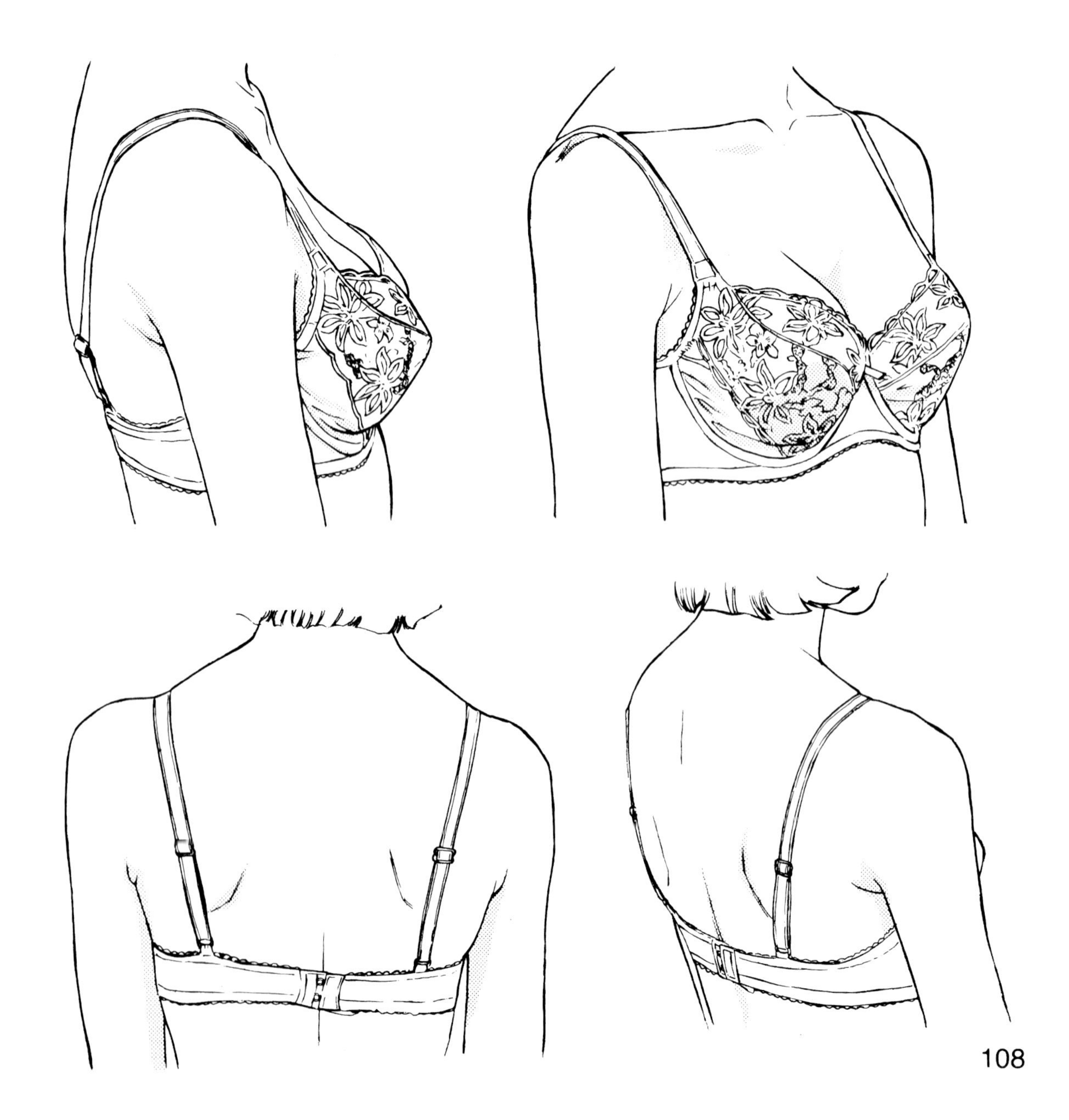

從帶子或罩杯的剪裁線等地方，可以看出設計上的不同。

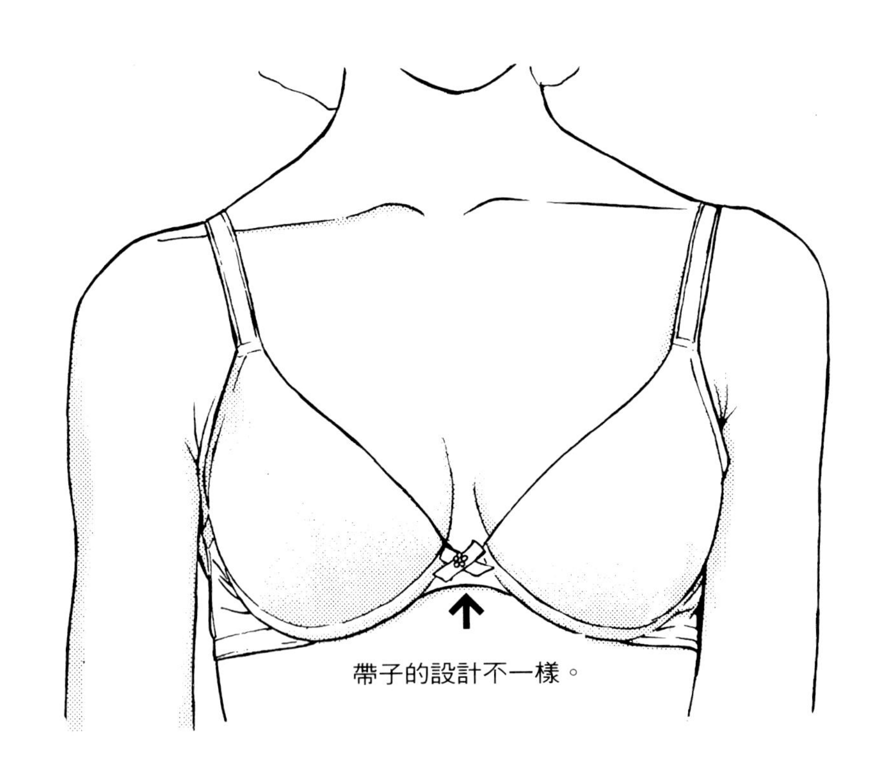

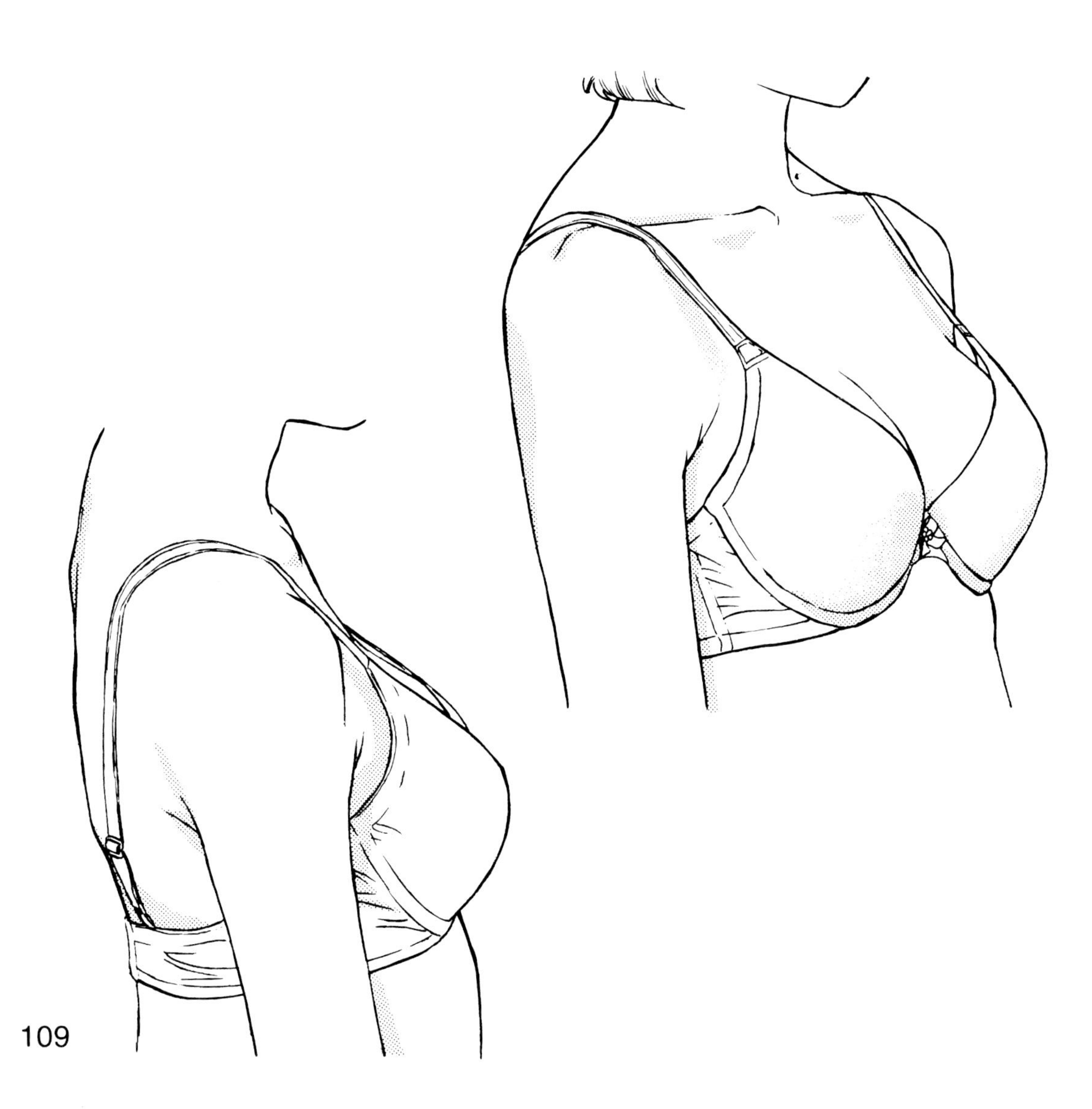

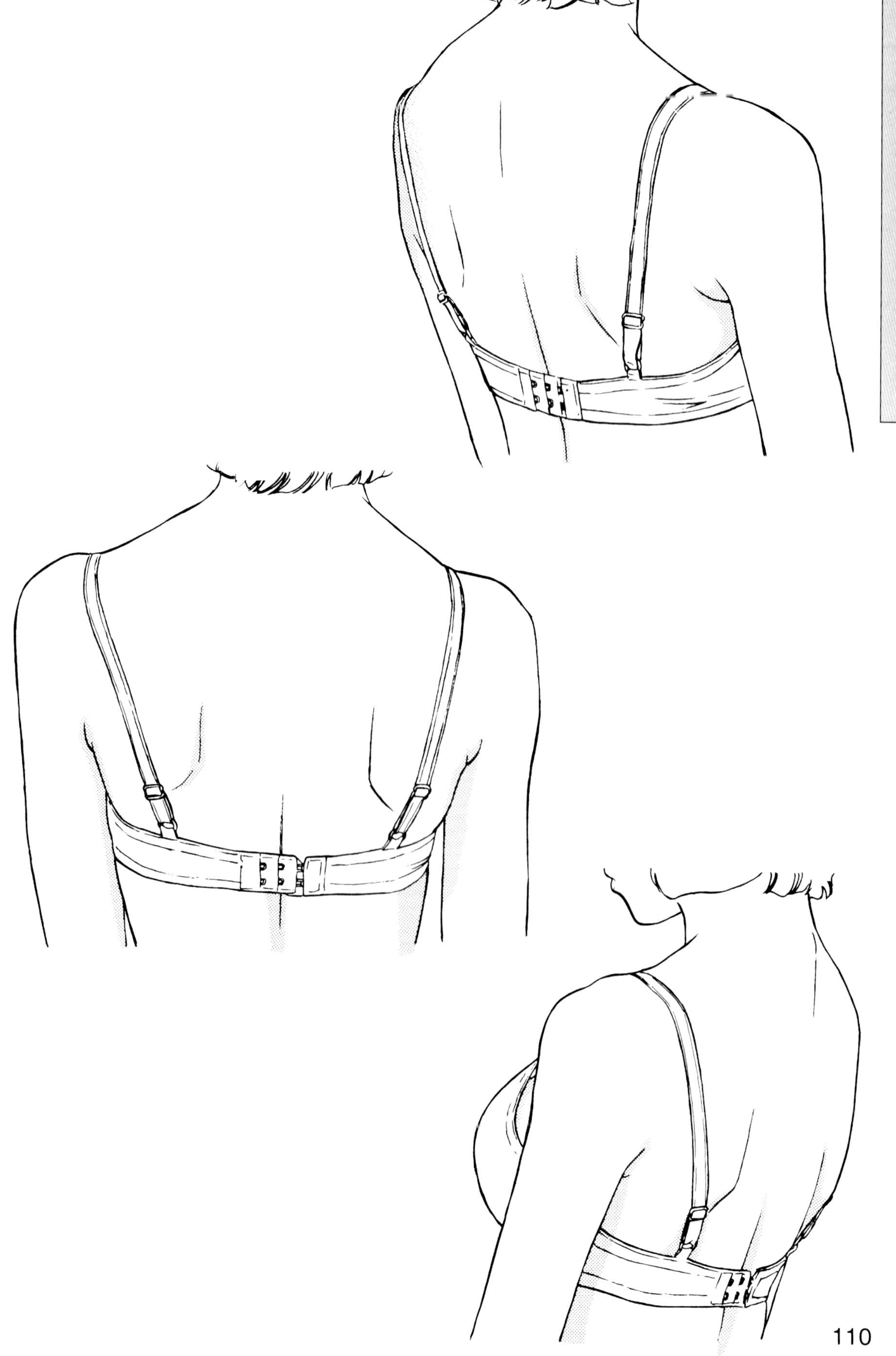

半比基尼短內褲

從褲管的角度來看，這種型式的短內褲比較普遍。讓我們從各個角度來看看吧！

比基尼短內褲

褲管比半比基尼短內褲還緊。
我們也從各個角度來看看吧！

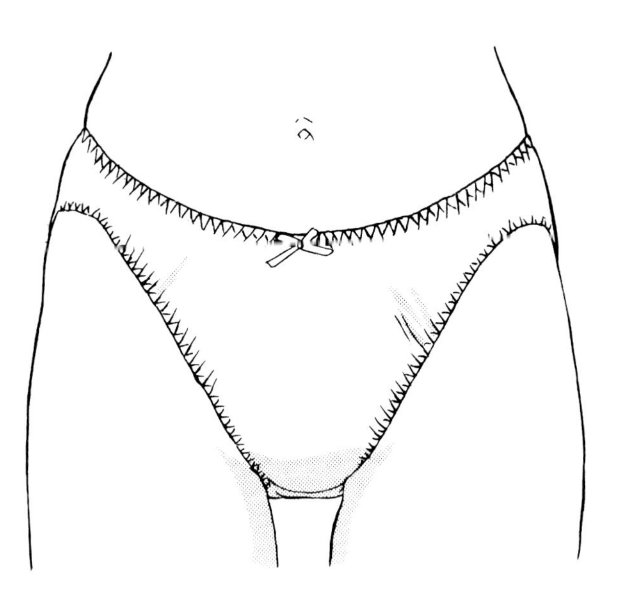

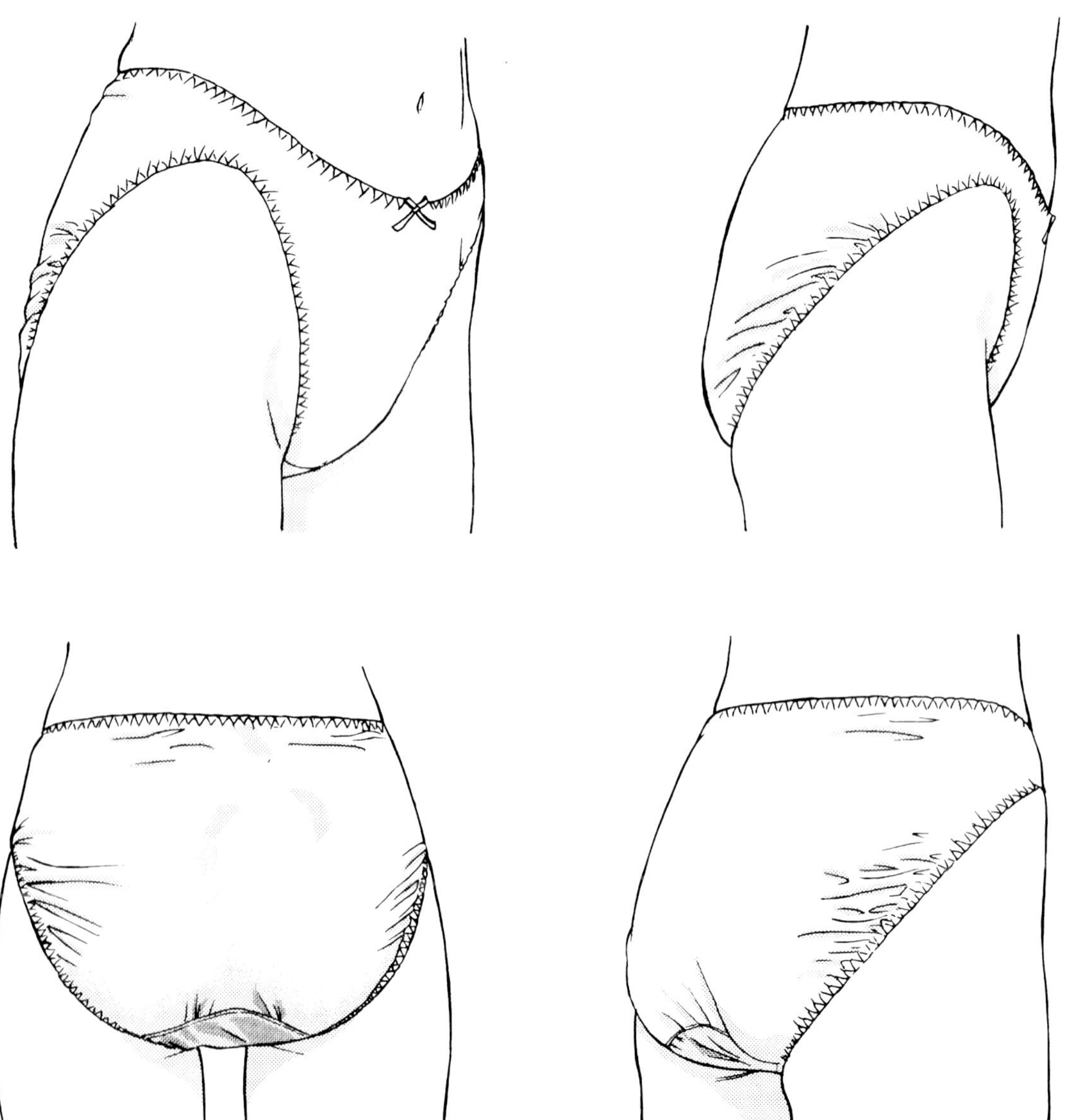

接著，兩者搭配起來看看。

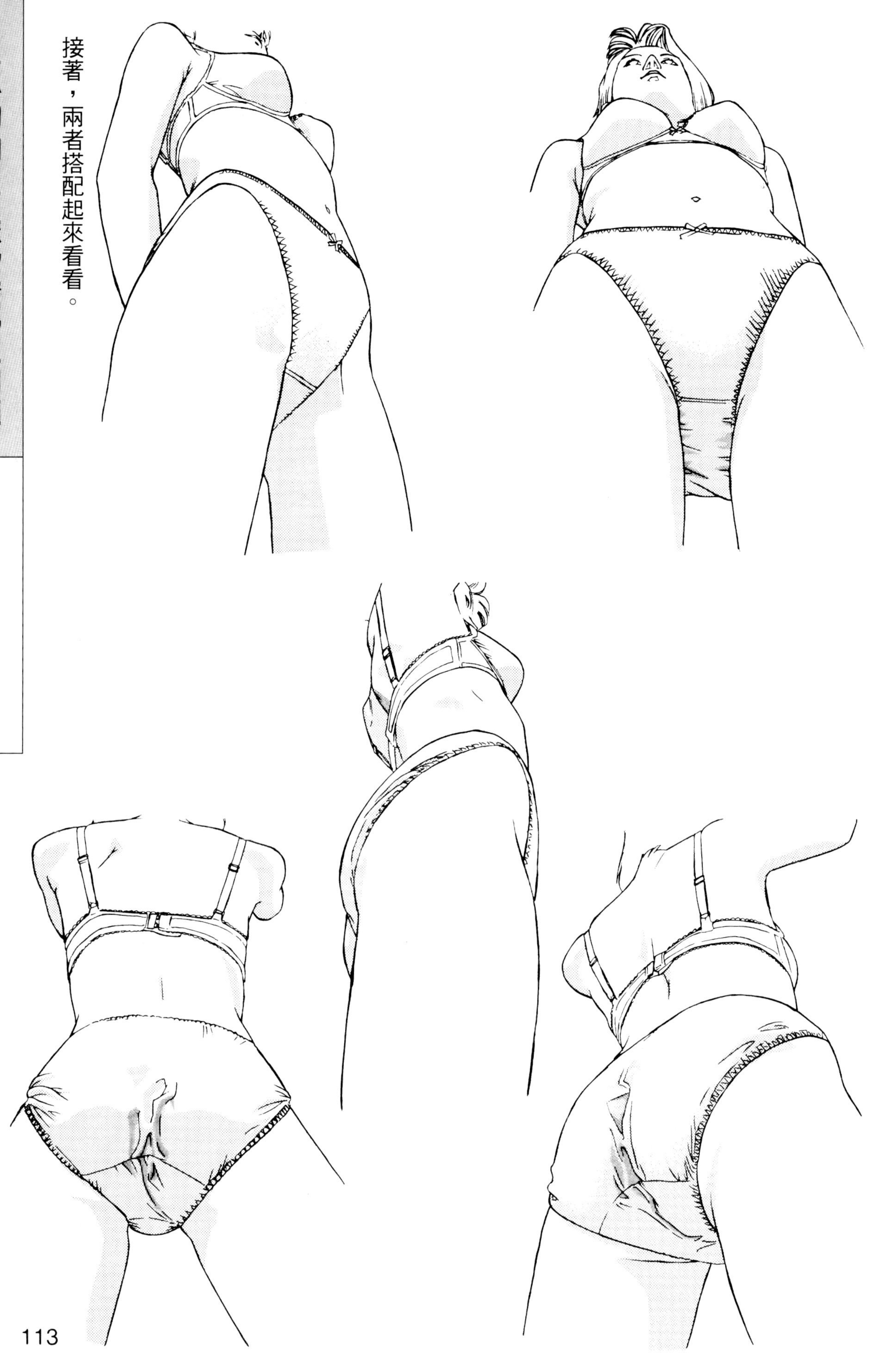

從下面的角度來看

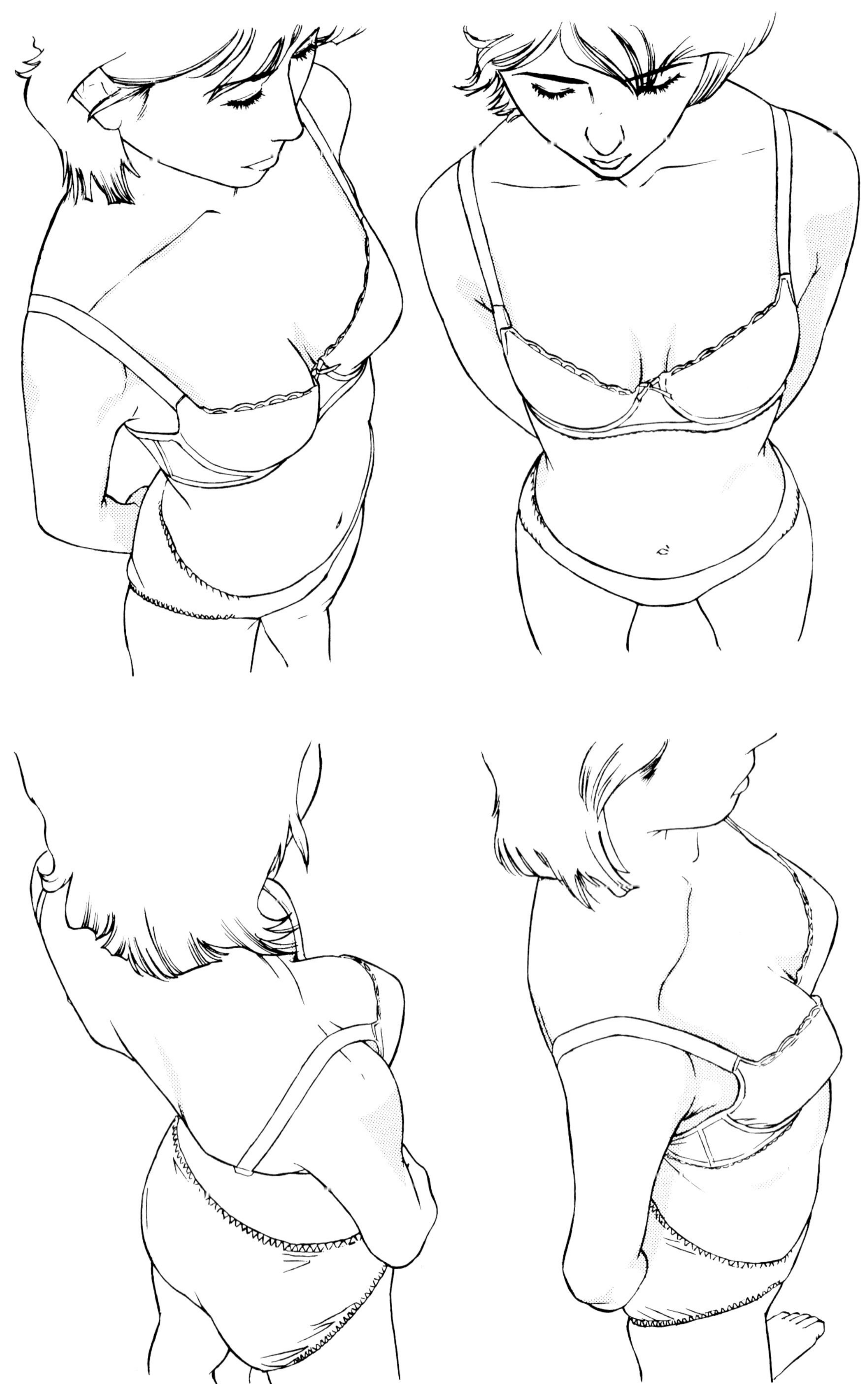

從下面的角度來看

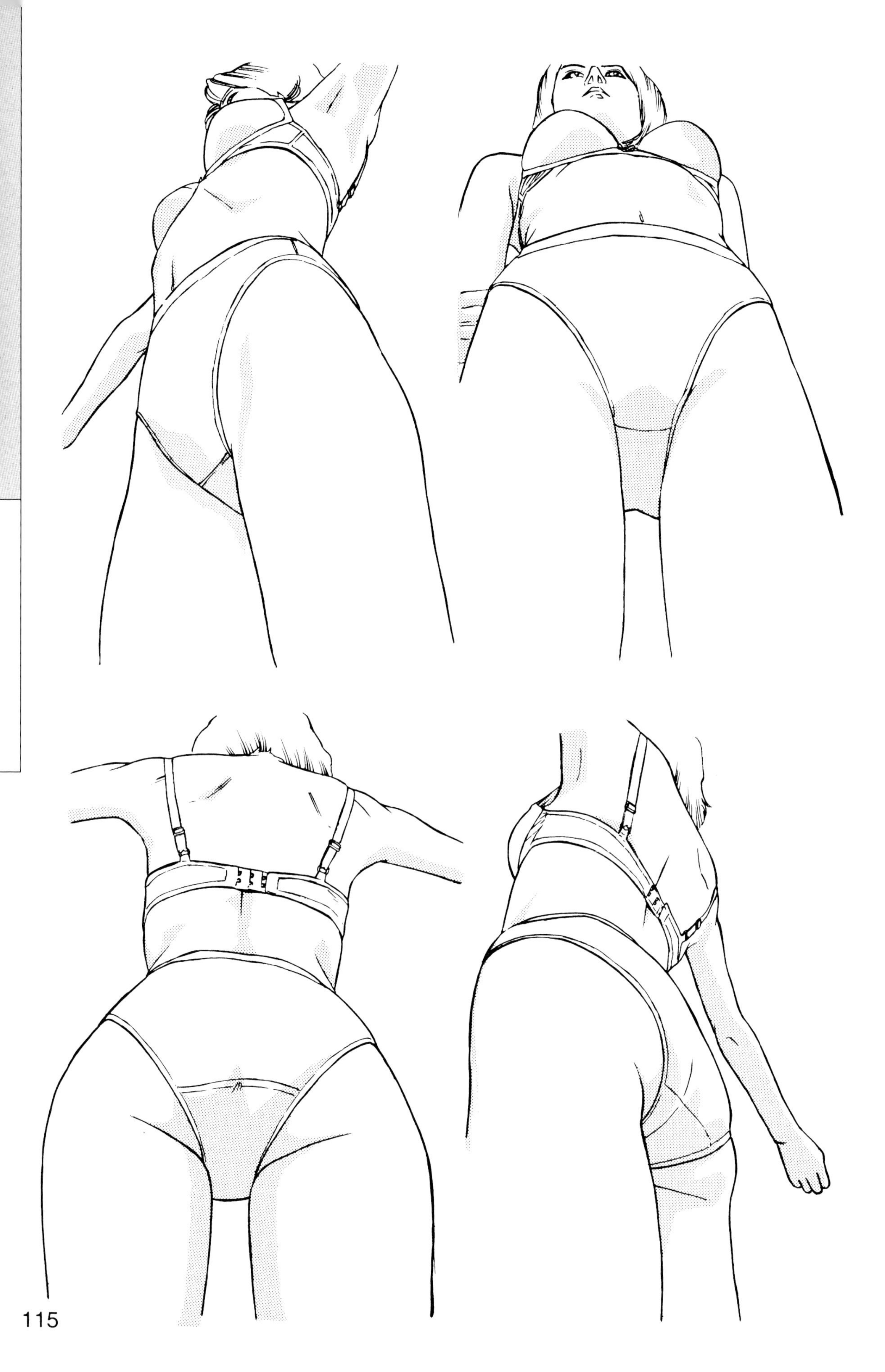

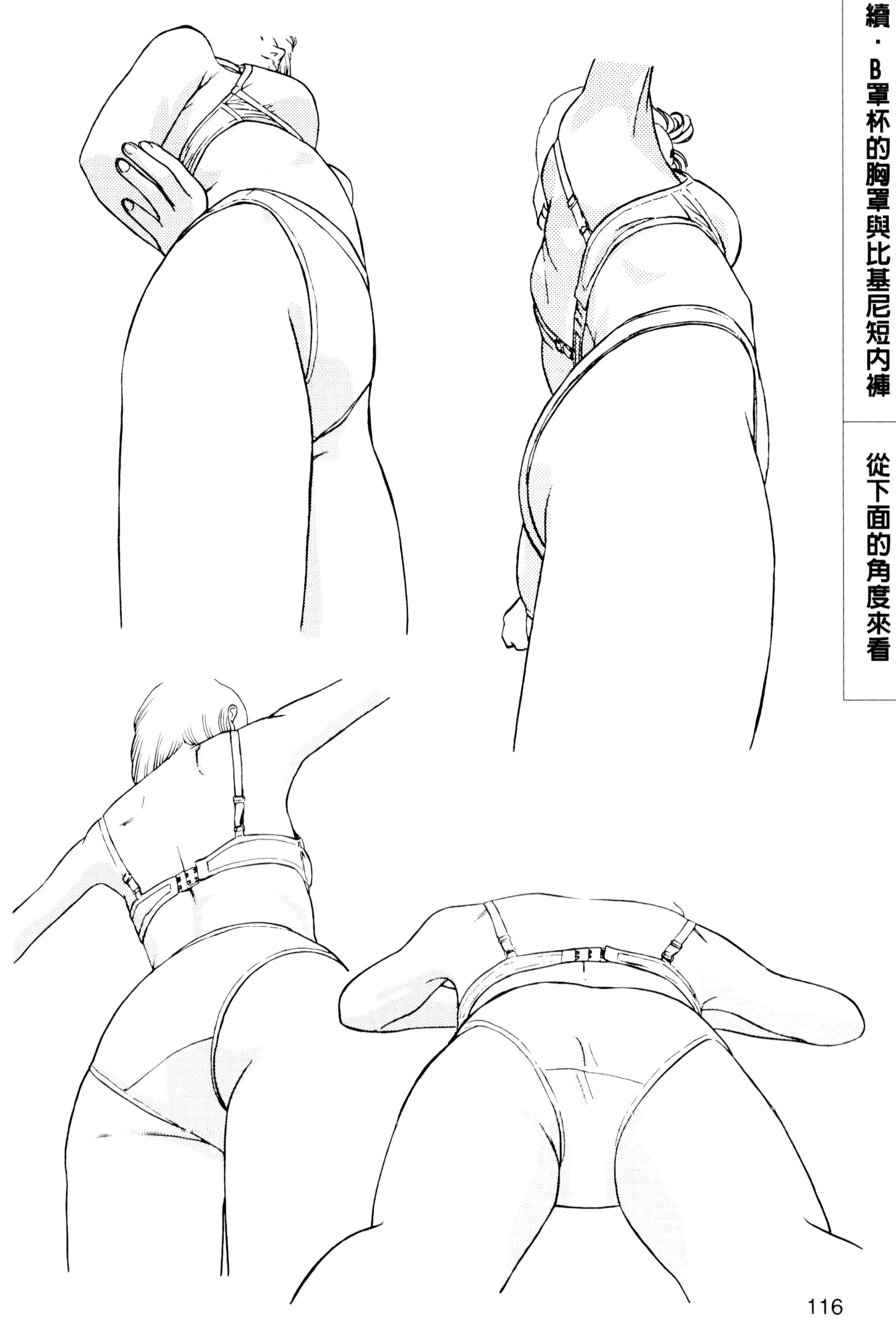

B罩杯的胸罩與比基尼短內褲

從上面的角度來看

具有運動感的內衣褲

這是為從事運動的人而設計出來的內衣褲。但一般說來，穿的人並不多。

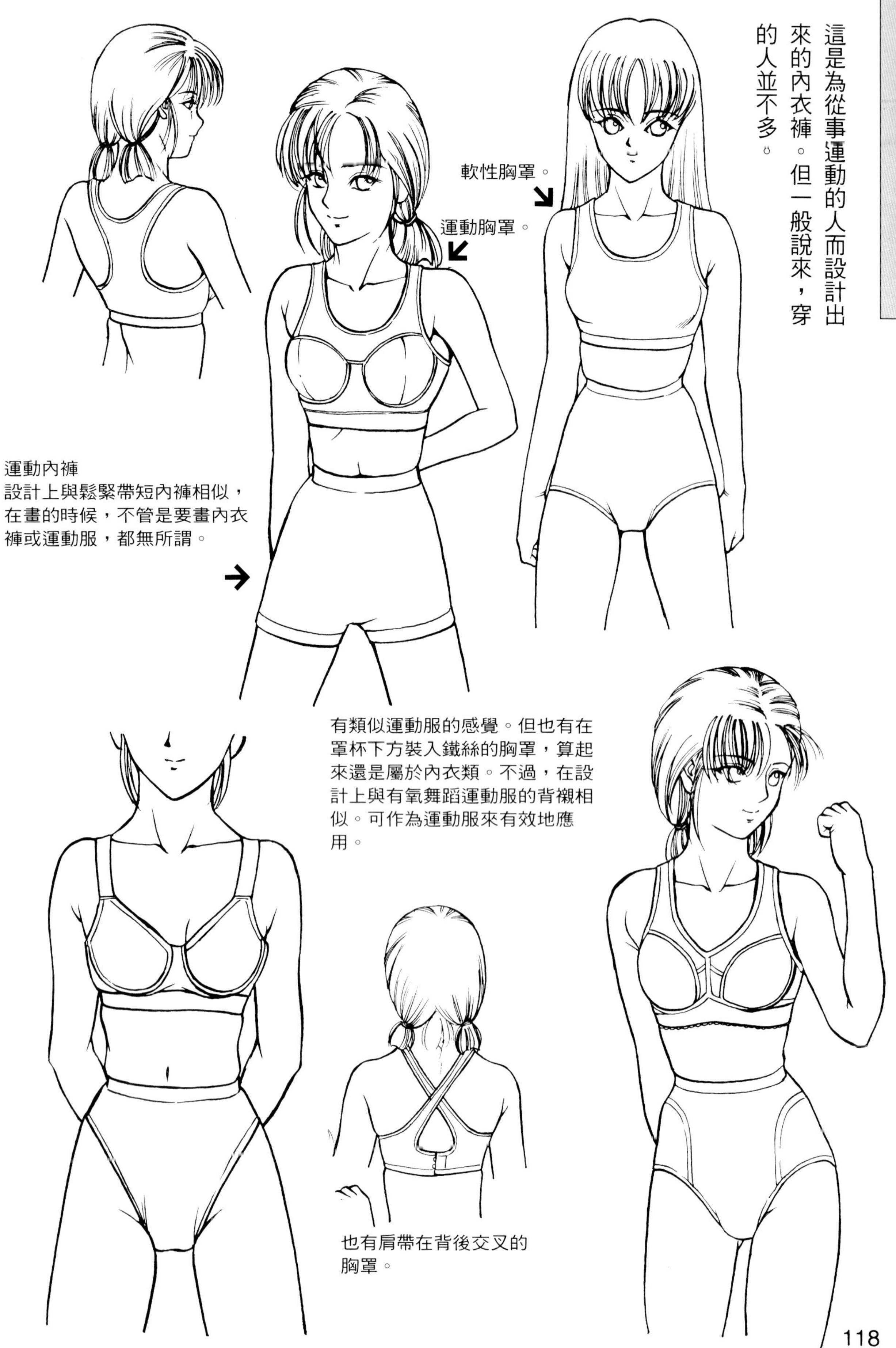

運動內褲
設計上與鬆緊帶短內褲相似，在畫的時候，不管是要畫內衣褲或運動服，都無所謂。

有類似運動服的感覺。但也有在罩杯下方裝入鐵絲的胸罩，算起來還是屬於內衣類。不過，在設計上與有氧舞蹈運動服的背襯相似。可作為運動服來有效地應用。

也有肩帶在背後交叉的胸罩。

女襯衣類

女襯衣類是內衣褲中，最具有時尚性的一種。婦女長襯裙和女用短袖襯衣等，也屬於女襯衣類，種類相當多。

女用短袖襯衣

有將長襯裙在腰部的地方裁掉的感覺。

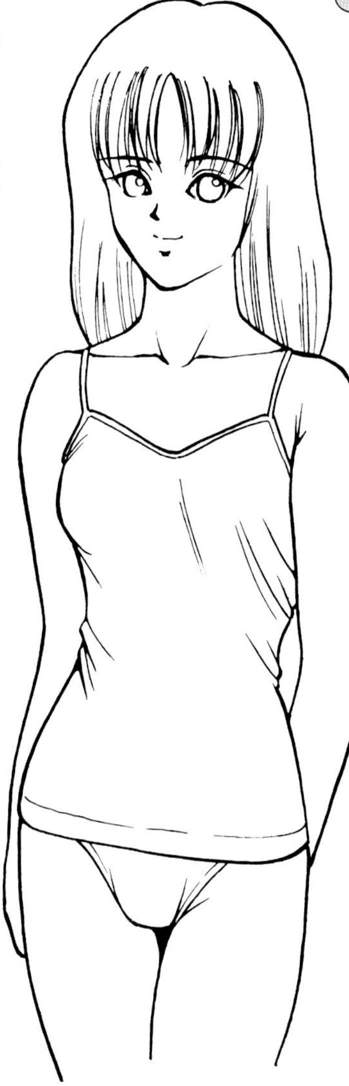

種類非常多，有長度到腰部的，也有看得到肚臍的。

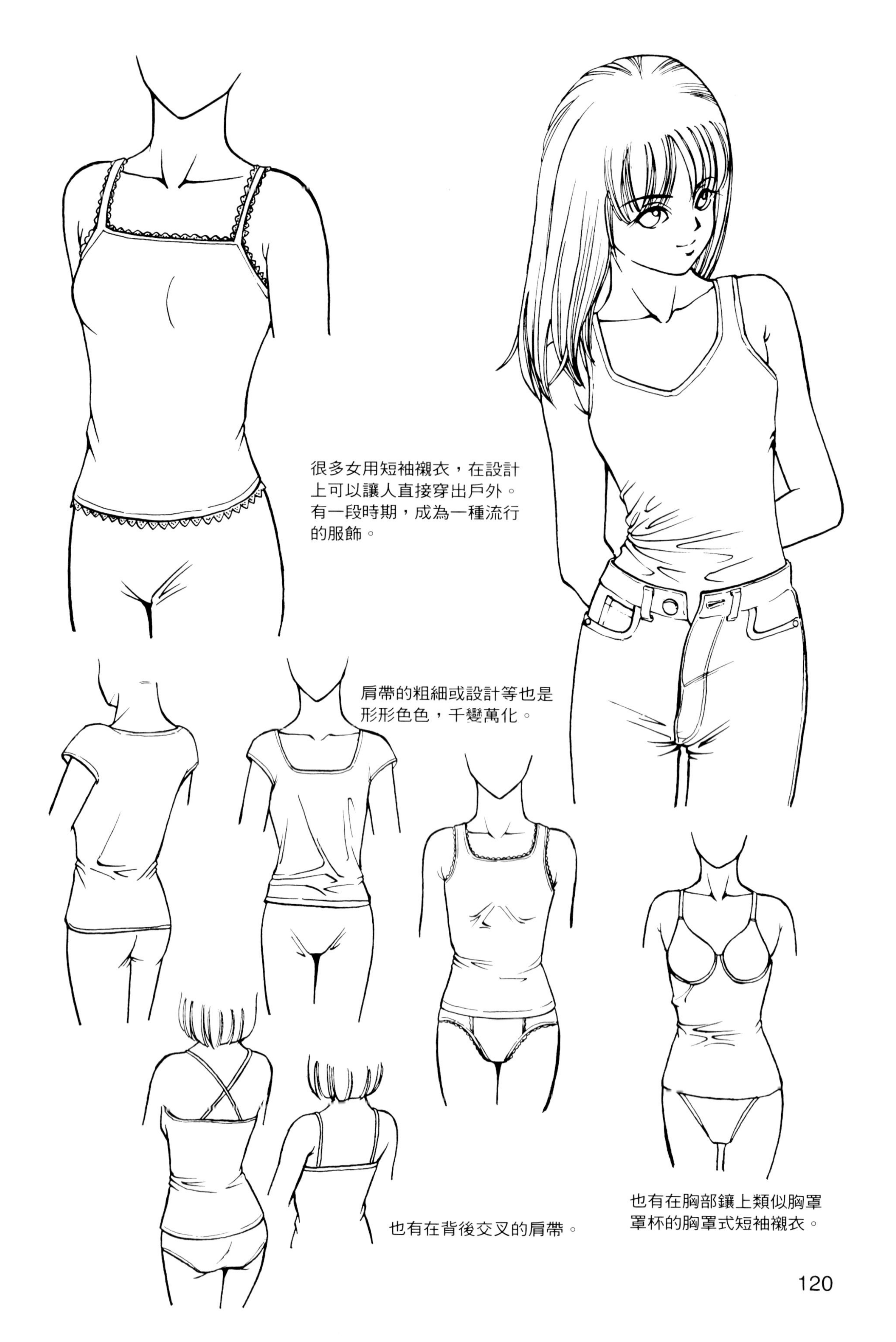
很多女用短袖襯衣，在設計
上可以讓人直接穿出戶外。
有一段時期，成為一種流行
的服飾。
肩帶的粗細或設計等也是
形形色色，千變萬化。
也有在背後交叉的肩帶。
也有在胸部鑲上類似胸罩
罩杯的胸罩式短袖襯衣。

胸罩式長襯裙
正如名稱所述，這是胸罩與長襯裙結合而成的襯衣。
婦女長襯裙
為了防止裙子纏腿而穿的襯裙，樣式很多種，有長度配合衣服的，有長度到膝蓋的，也有穿迷你裙也不會穿幫的短襯裙。
背部的剪裁線從直線到V字形，應有盡有。
成年人的襯裙也有使用蕾絲的，也有圖案設計得非常複雜的長襯裙。

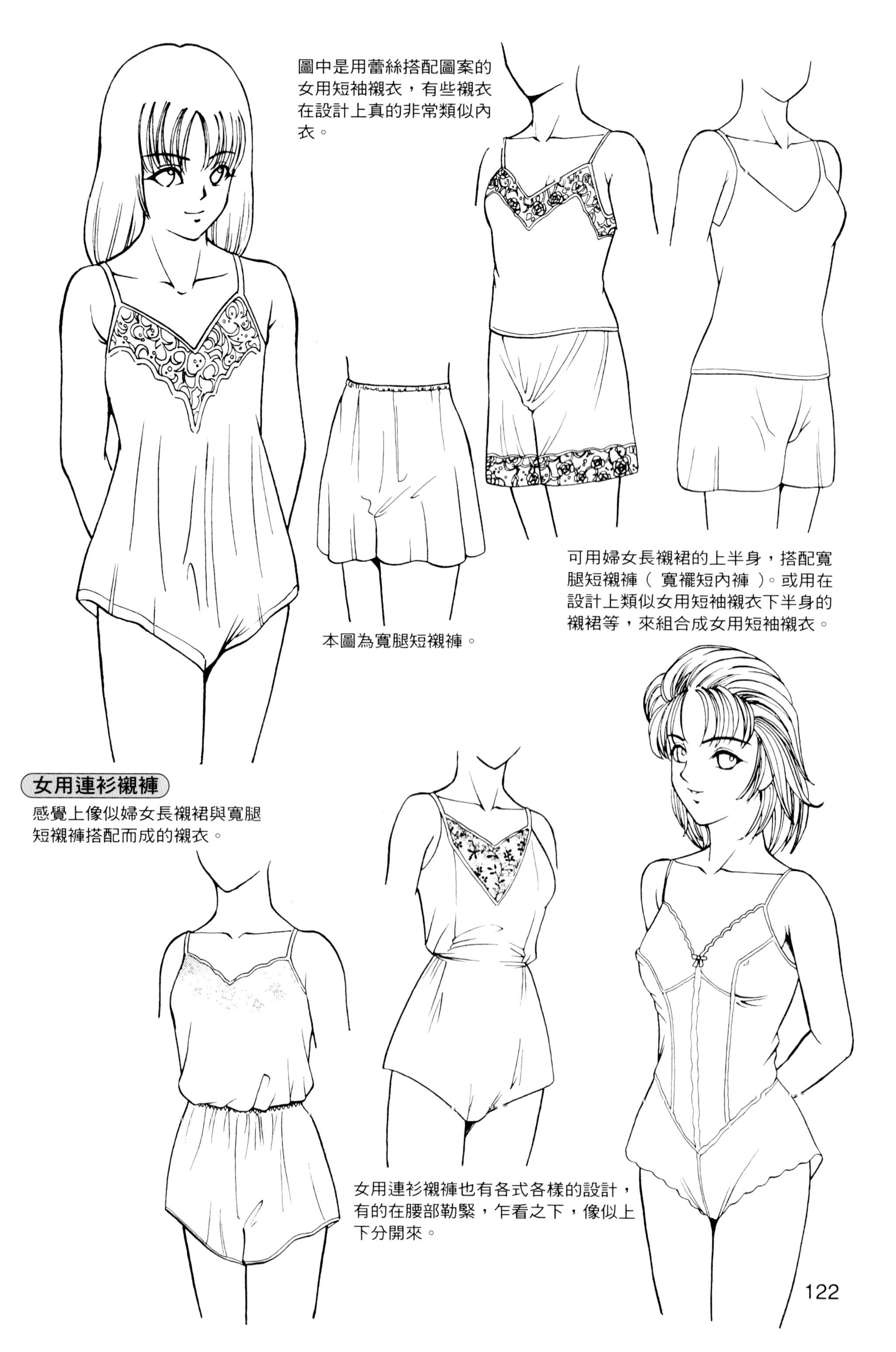
圖中是用蕾絲搭配圖案的
女用短袖襯衣，有些襯衣
在設計上真的非常類似內
衣。
可用婦女長襯裙的上半身，搭配寬
腿短襯褲（寬襬短內褲）。或用在
設計上類似女用短袖襯衣下半身的
襯裙等，來組合成女用短袖襯衣。
本圖為寬腿短襯褲。
女用連衫襯褲
感覺上像似婦女長襯裙與寬腿
短襯褲搭配而成的襯衣。
女用連衫襯褲也有各式各樣的設計，
有的在腰部勒緊，乍看之下，像似上
下分開來。

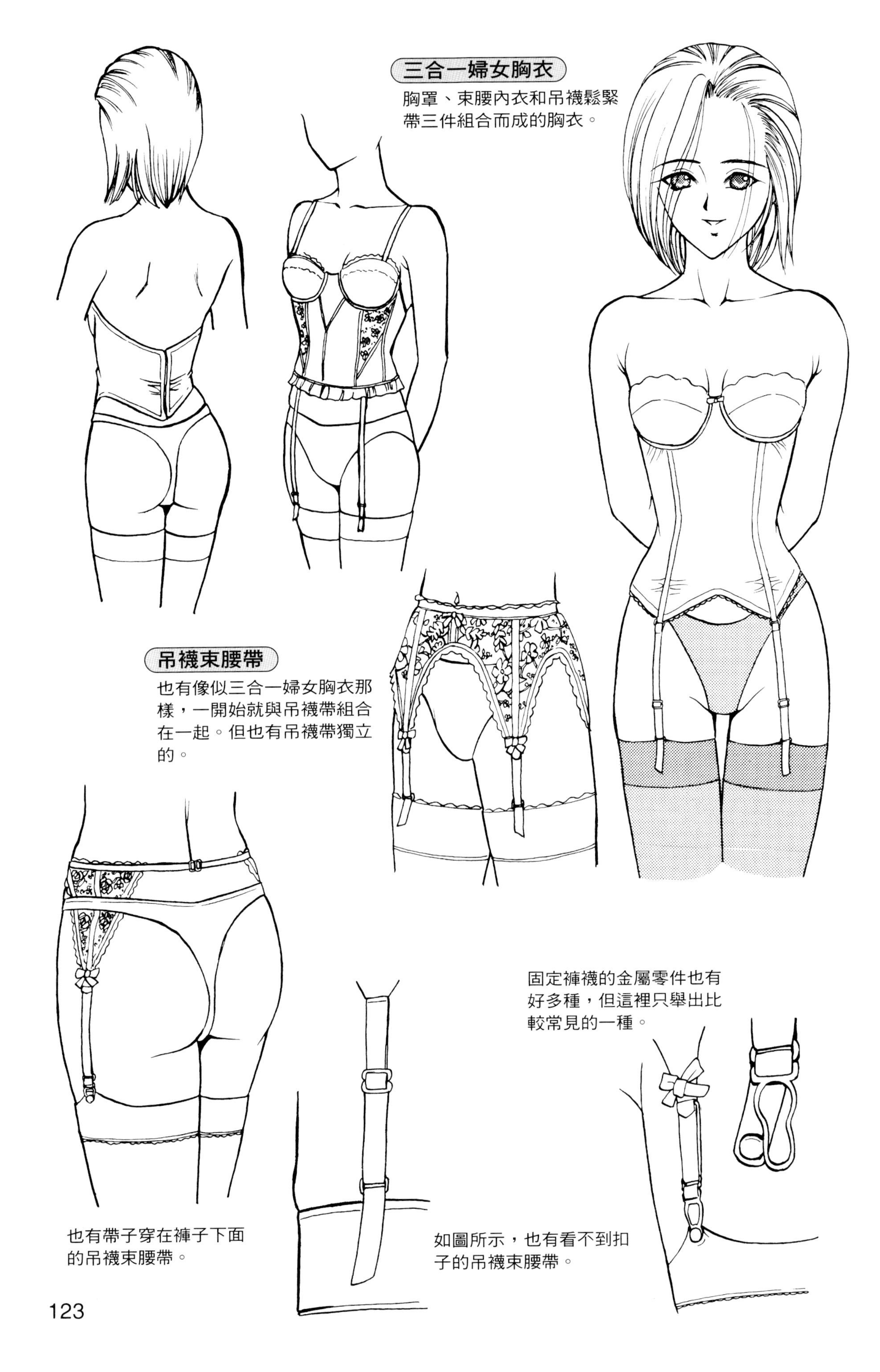
三合一婦女胸衣
胸罩、束腰內衣和吊襪鬆緊帶三件組合而成的胸衣。
吊襪束腰帶
也有像似三合一婦女胸衣那樣，一開始就與吊襪帶組合在一起。但也有吊襪帶獨立的。
固定褲襪的金屬零件也有好多種，但這裡只舉出比較常見的一種。
也有帶子穿在褲子下面的吊襪束腰帶。
如圖所示，也有看不到扣子的吊襪束腰帶。

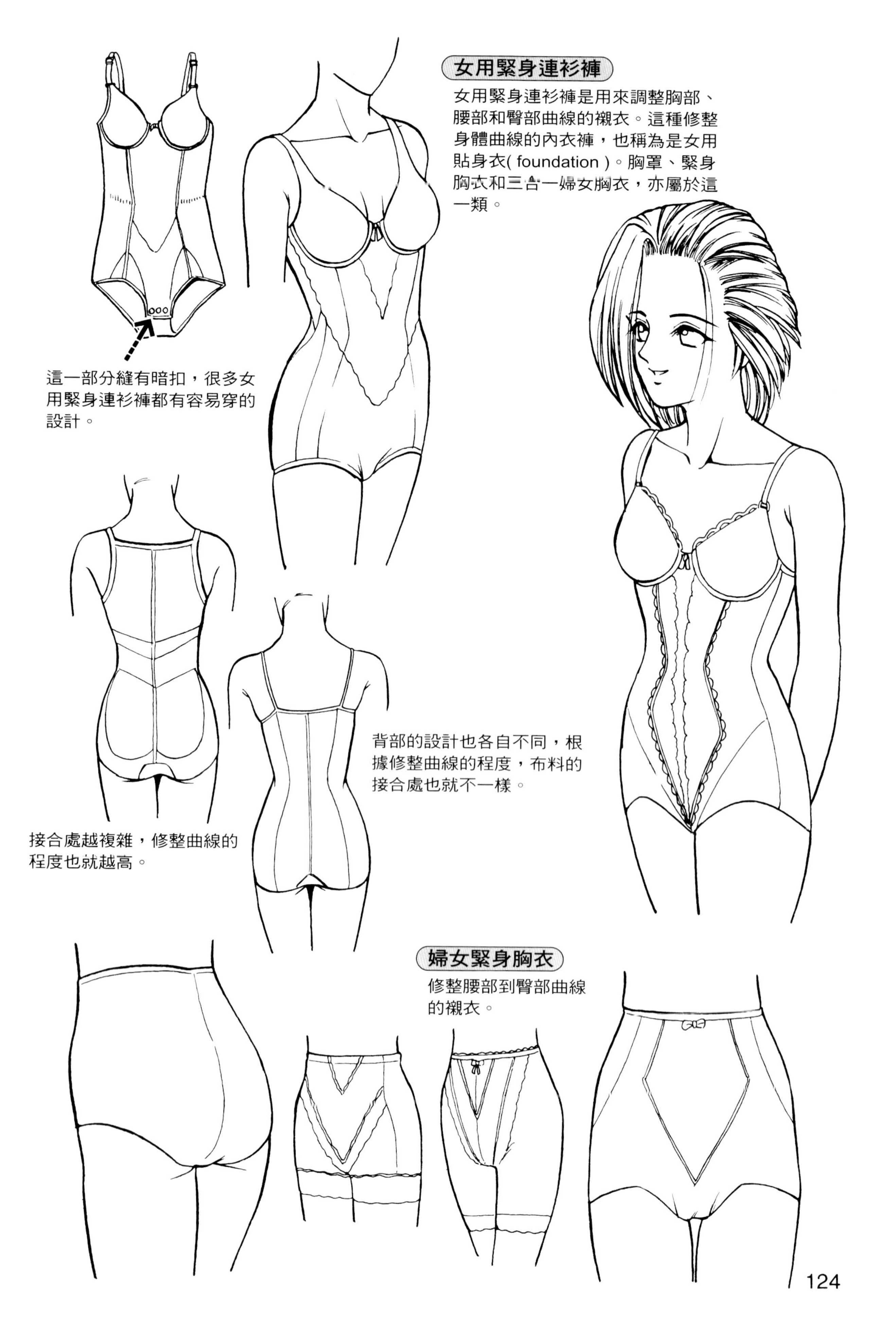
女用緊身連衫褲
女用緊身連衫褲是用來調整胸部、腰部和臀部曲線的襯衣。這種修整身體曲線的內衣褲，也稱為是女用貼身衣(foundation)。胸罩、緊身胸衣和三合一婦女胸衣，亦屬於這一類。
這一部分縫有暗扣，很多女用緊身連衫褲都有容易穿的設計。
背部的設計也各自不同，根據修整曲線的程度，布料的接合處也就不一樣。
接合處越複雜，修整曲線的程度也就越高。
婦女緊身胸衣
修整腰部到臀部曲線的襯衣。

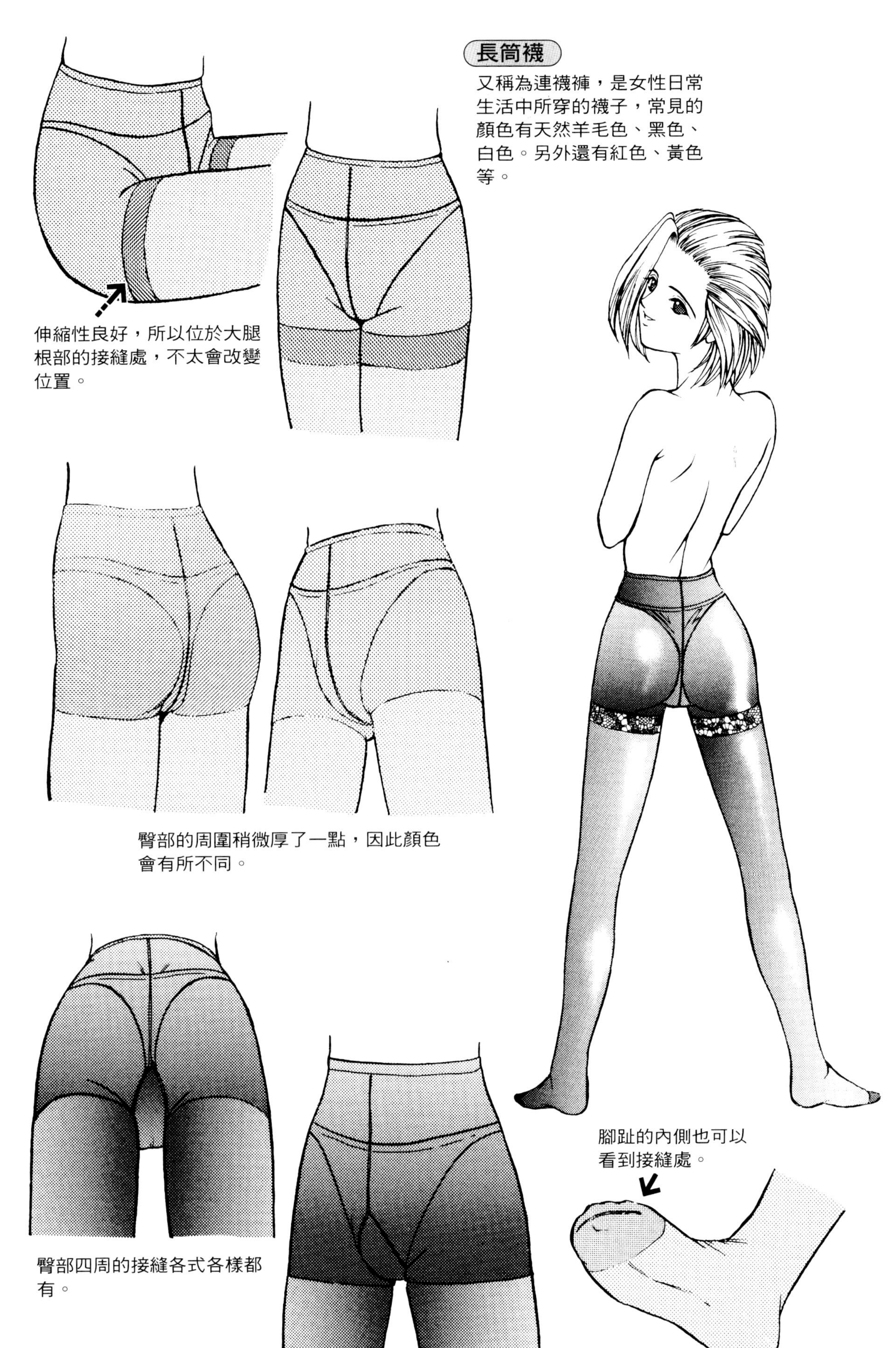

長筒襪

又稱為連襪褲，是女性日常生活中所穿的襪子，常見的顏色有天然羊毛色、黑色、白色。另外還有紅色、黃色等。

伸縮性良好，所以位於大腿根部的接縫處，不太會改變位置。

臀部的周圍稍微厚了一點，因此顏色會有所不同。

臀部四周的接縫各式各樣都有。

腳趾的內側也可以看到接縫處。

內衣褲的圖案設計，大多以花、莖和葉子為主。是否畫得滿滿的，全憑個人的喜好。不過，也可以用暈映的感覺來畫。

引用自IC網線版

S—982上

S—982下

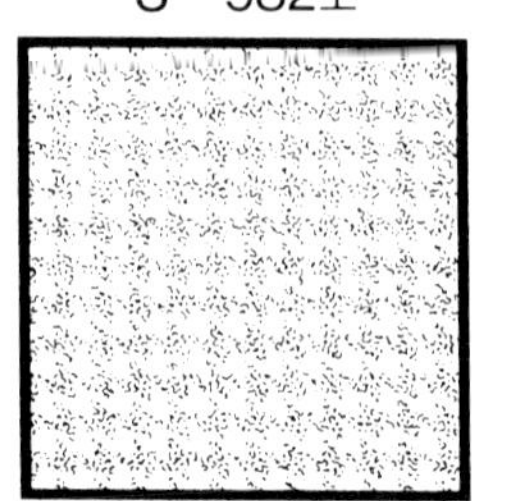

S—758

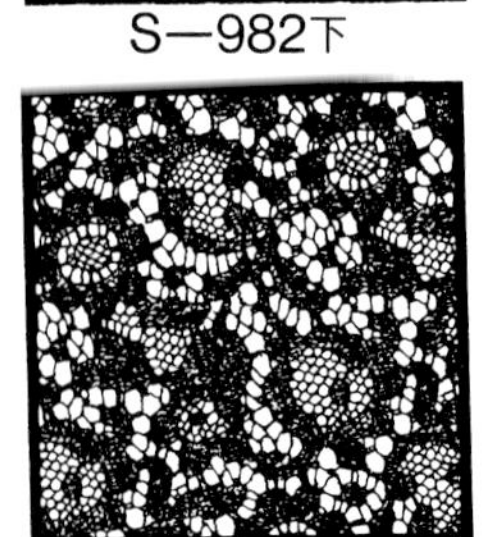

S—917

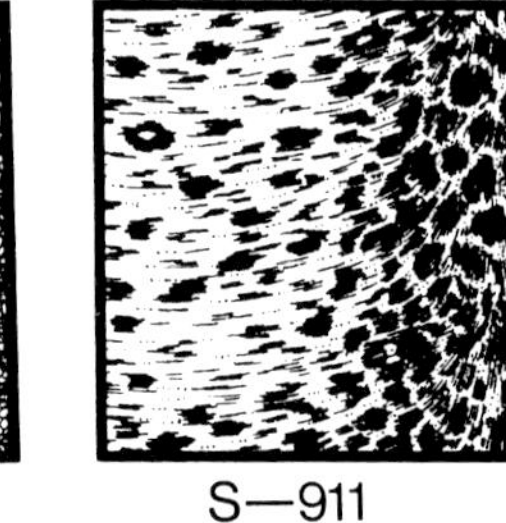

S—911

在色板上有各種圖案，有很多人加以使用。

第3章 運動服與裙子

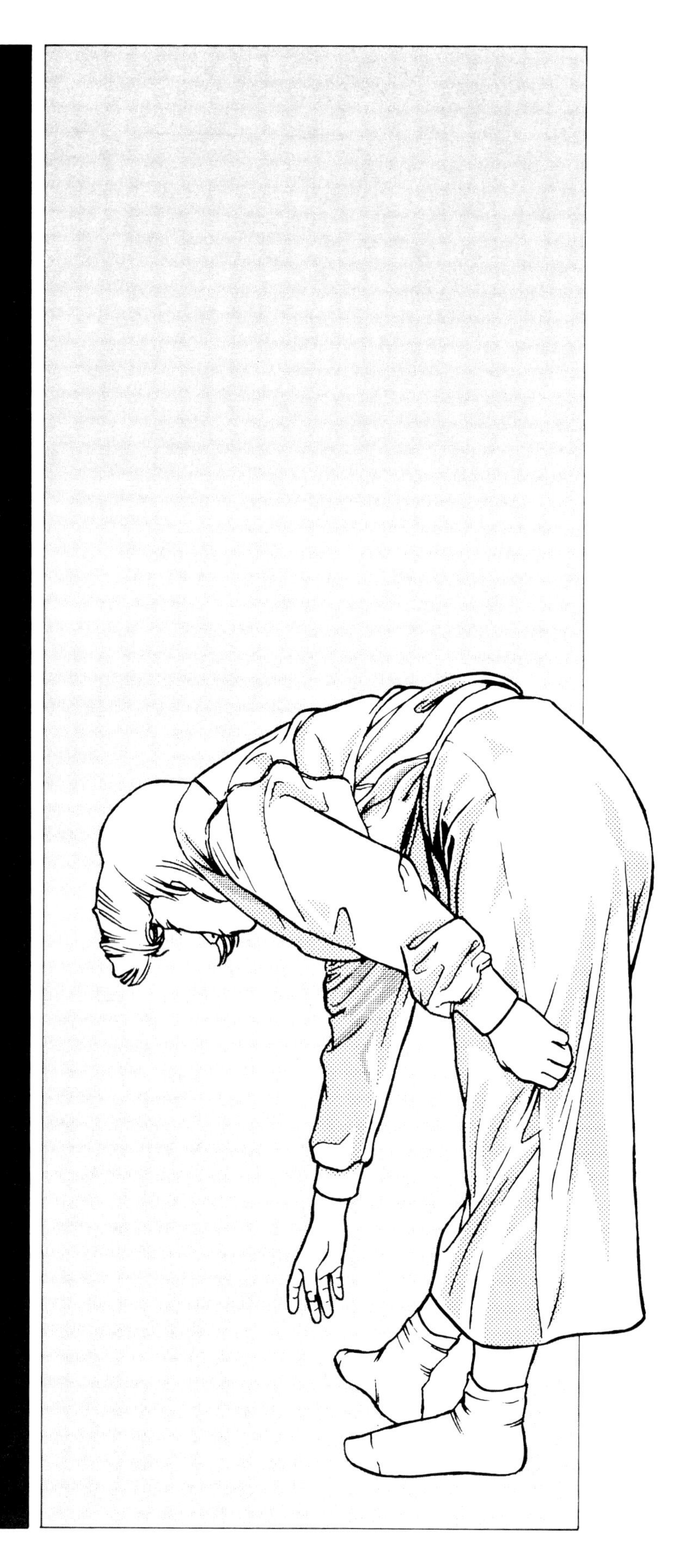

這裡所介紹的是，長裙上面搭配著運動服的樣式。作者的想法，絕對不認為上下為一套。請看看運動服與裙子各自的變化，作為畫圖的參考。

運動服

這種衣服使用的範圍非常廣泛，在家時，可以作為家居服穿，又可以作為流行服飾來穿。
與運動服使用同樣的素材，在設計上卻有所不同，主要是因為領子不一樣所致。

V字形領。

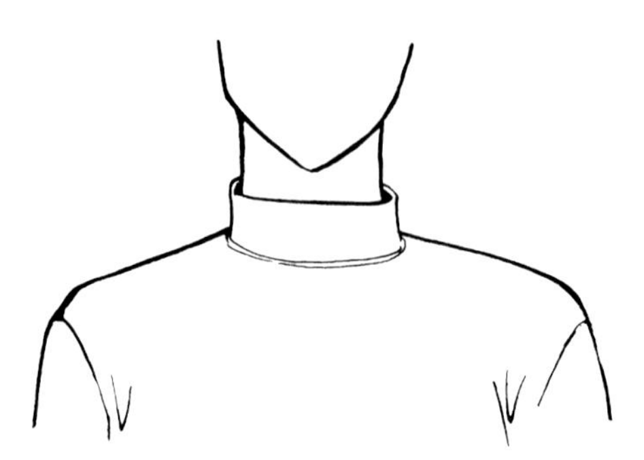

高領。

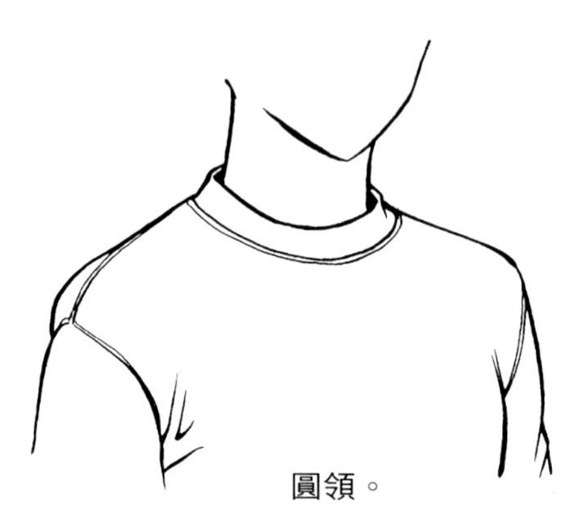

圓領。

拉鏈領。

U字形領。

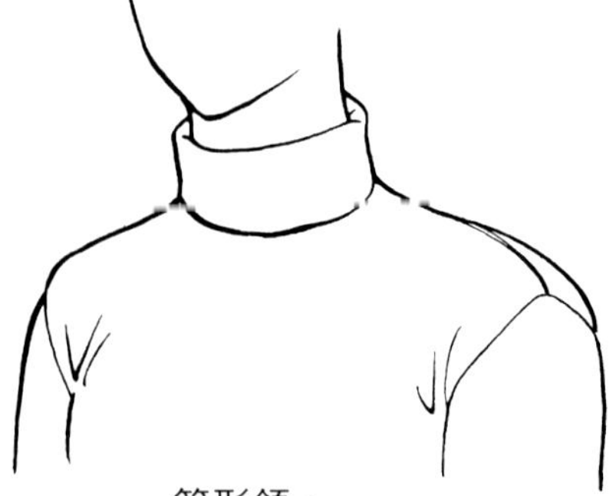

筒形領。

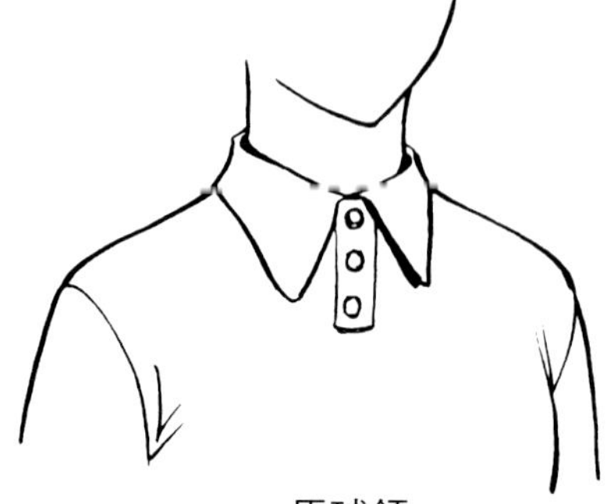

馬球領。

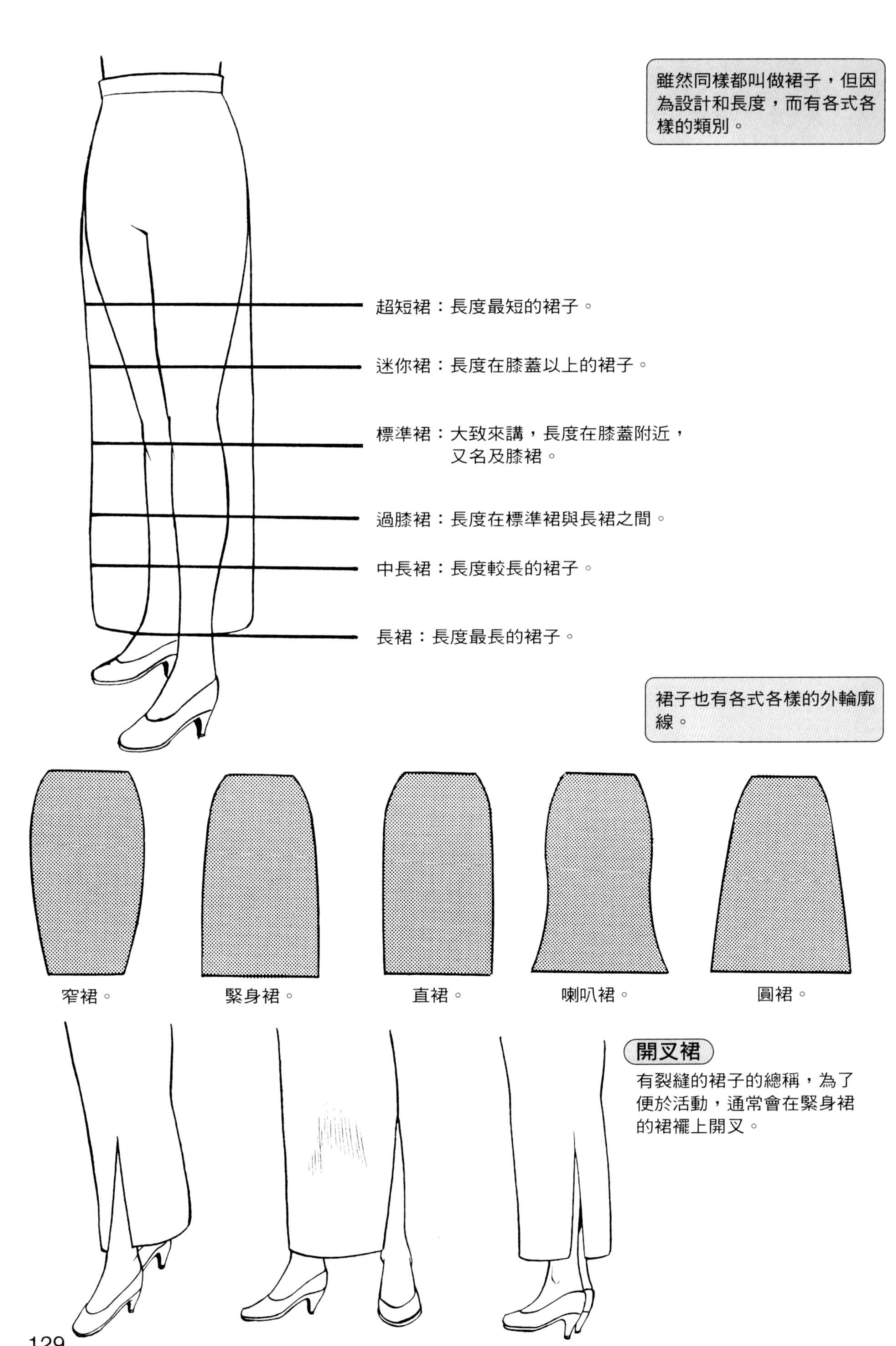
雖然同樣都叫做裙子，但因為設計和長度，而有各式各樣的類別。
超短裙：長度最短的裙子。
迷你裙：長度在膝蓋以上的裙子。
標準裙：大致來講，長度在膝蓋附近，又名及膝裙。
過膝裙：長度在標準裙與長裙之間。
中長裙：長度較長的裙子。
長裙：長度最長的裙子。
裙子也有各式各樣的外輪廓線。
窄裙。
緊身裙。
直裙。
喇叭裙。
圓裙。
開叉裙
有裂縫的裙子的總稱，為了便於活動，通常會在緊身裙的裙襬上開叉。

來看看圓領

圓領亦即水手領……。

一般人認為領口線畫起來很簡單，但有時因為角度的關係，會讓人產生疑問，不知怎麼畫才好？

從上面的角度來看

抱著胳膊

擺出這個姿勢時，應看看形成皺摺的方式。

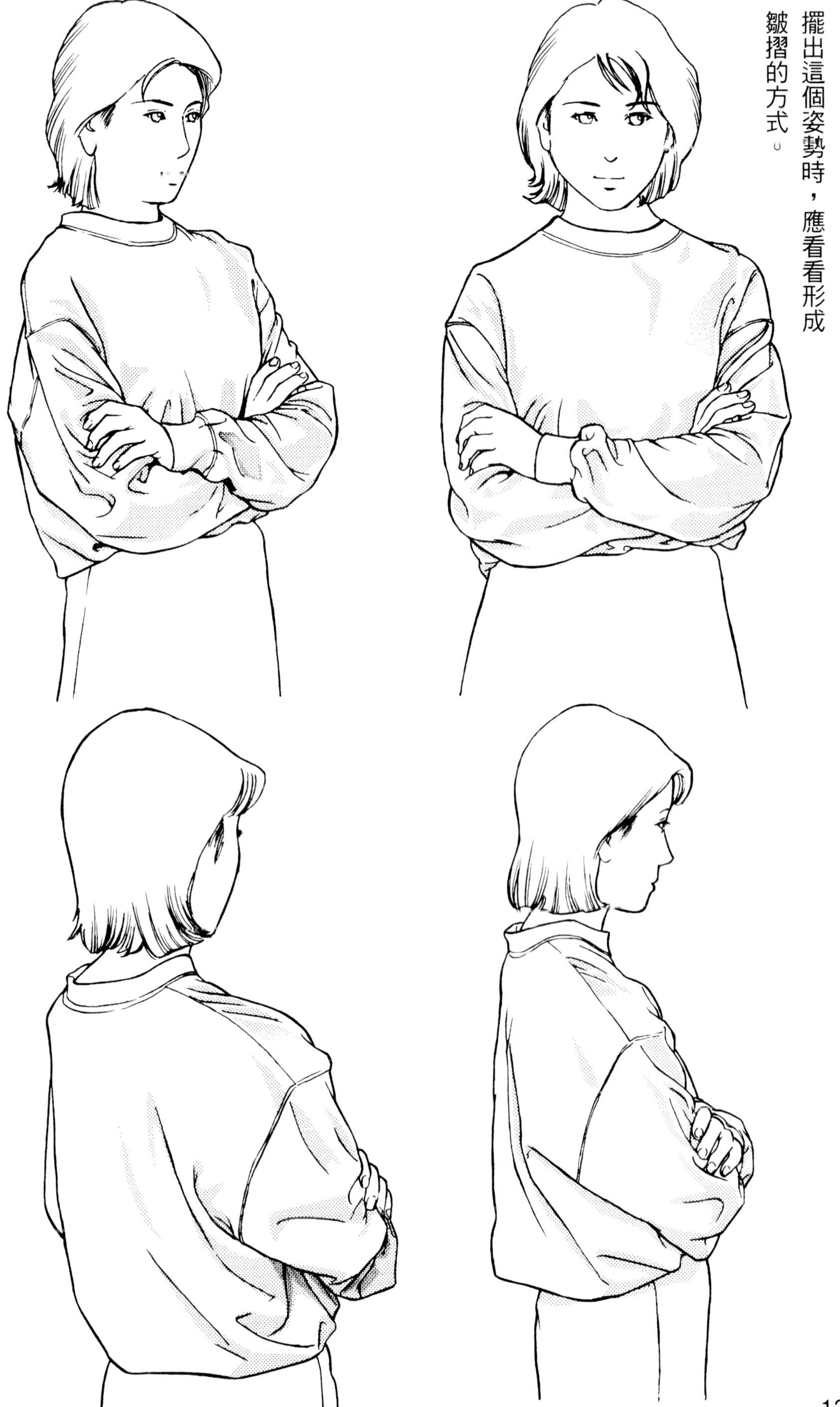

從上面的角度來看

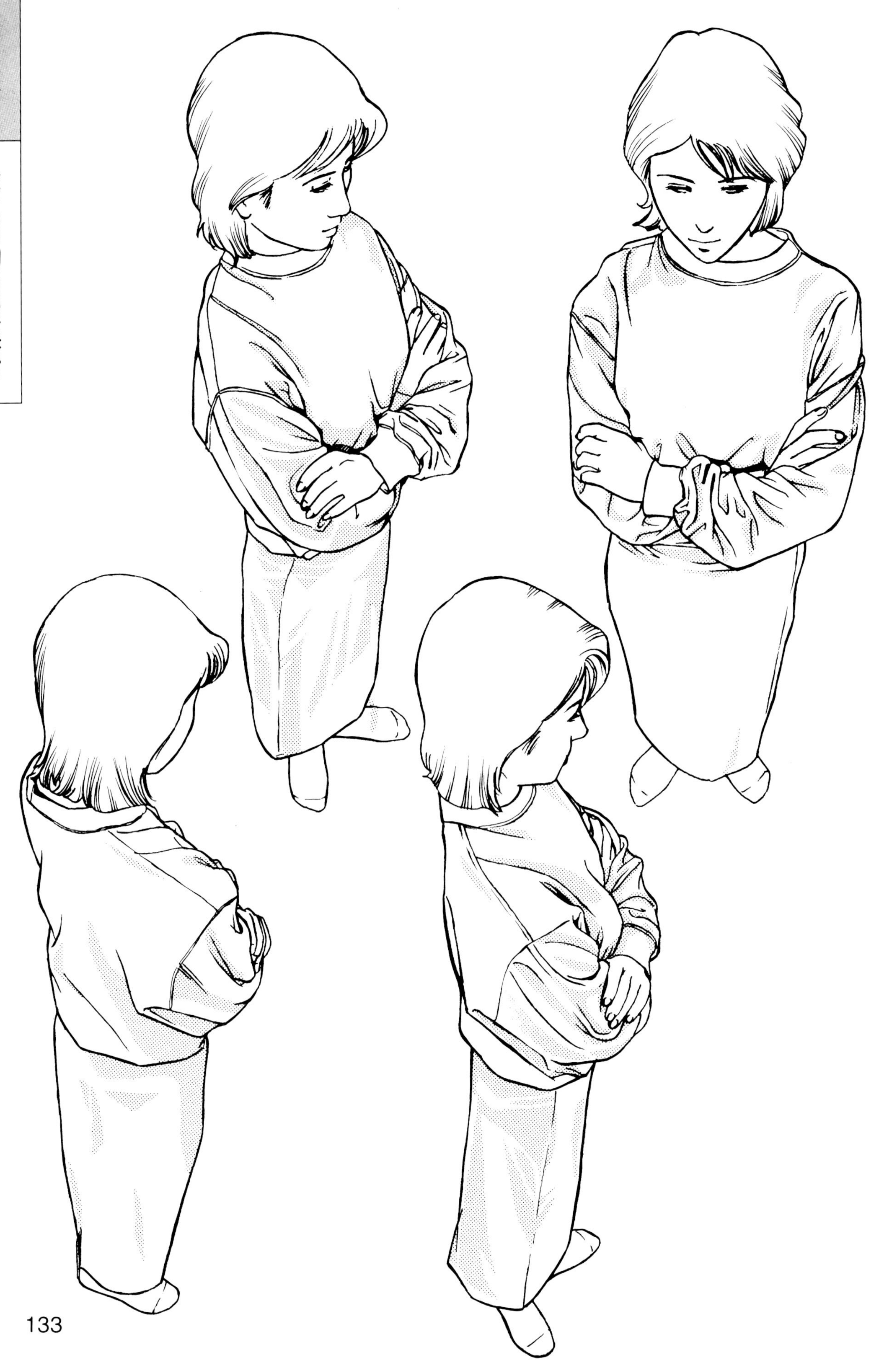

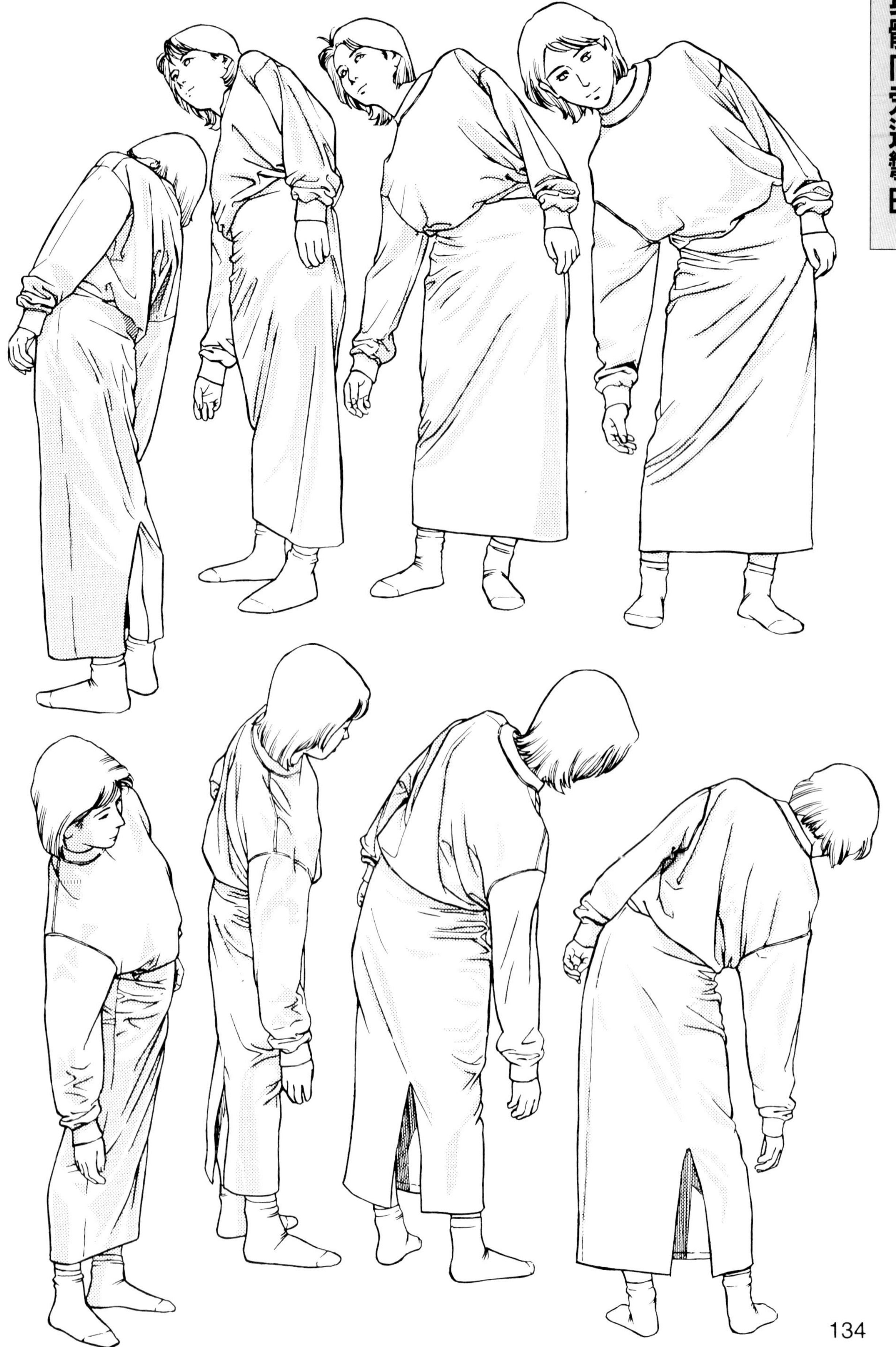

從上面的角度來看

撿東西

雖然是撿東西的姿勢，但請參考向前彎曲的圖形。

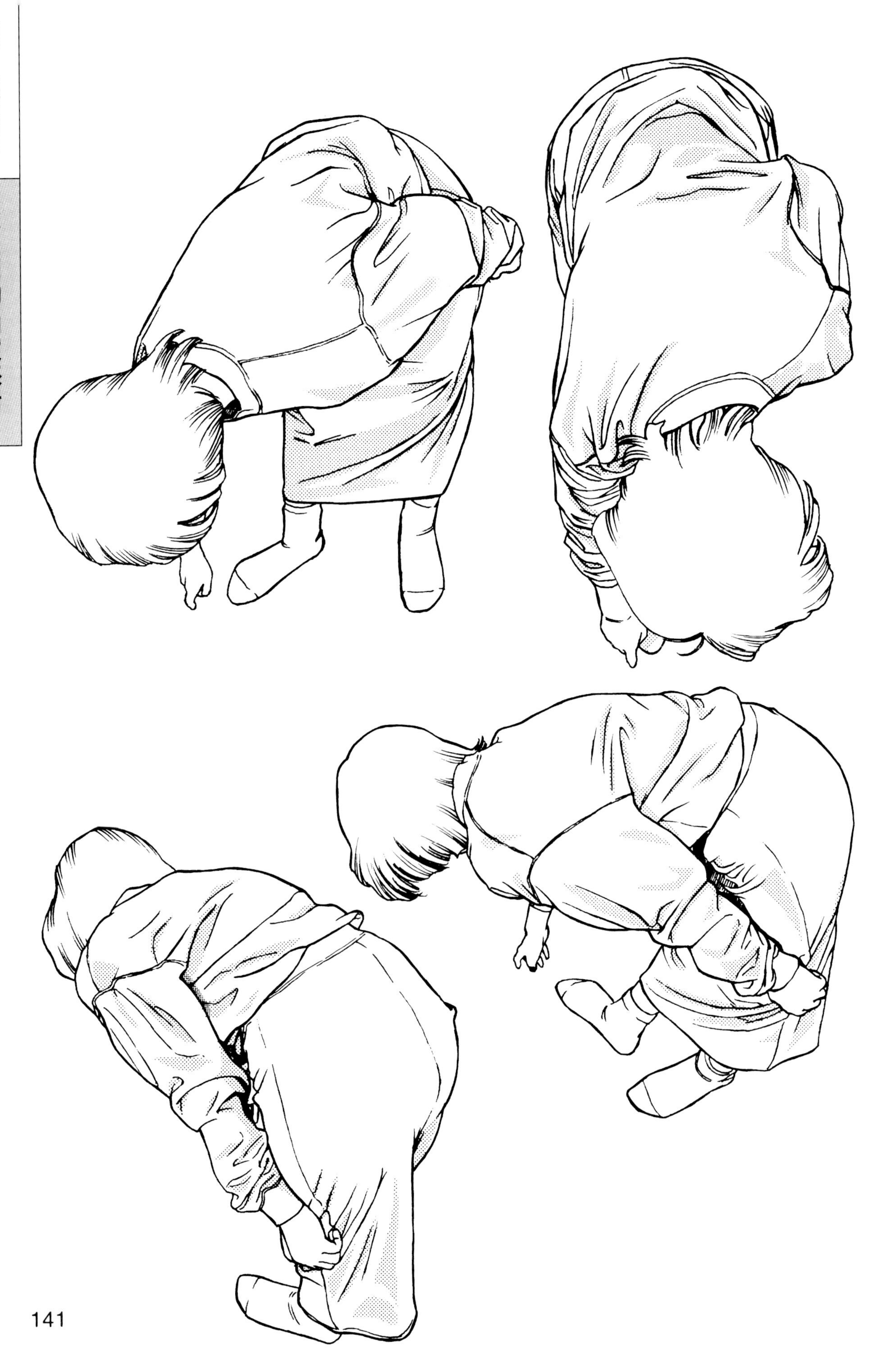

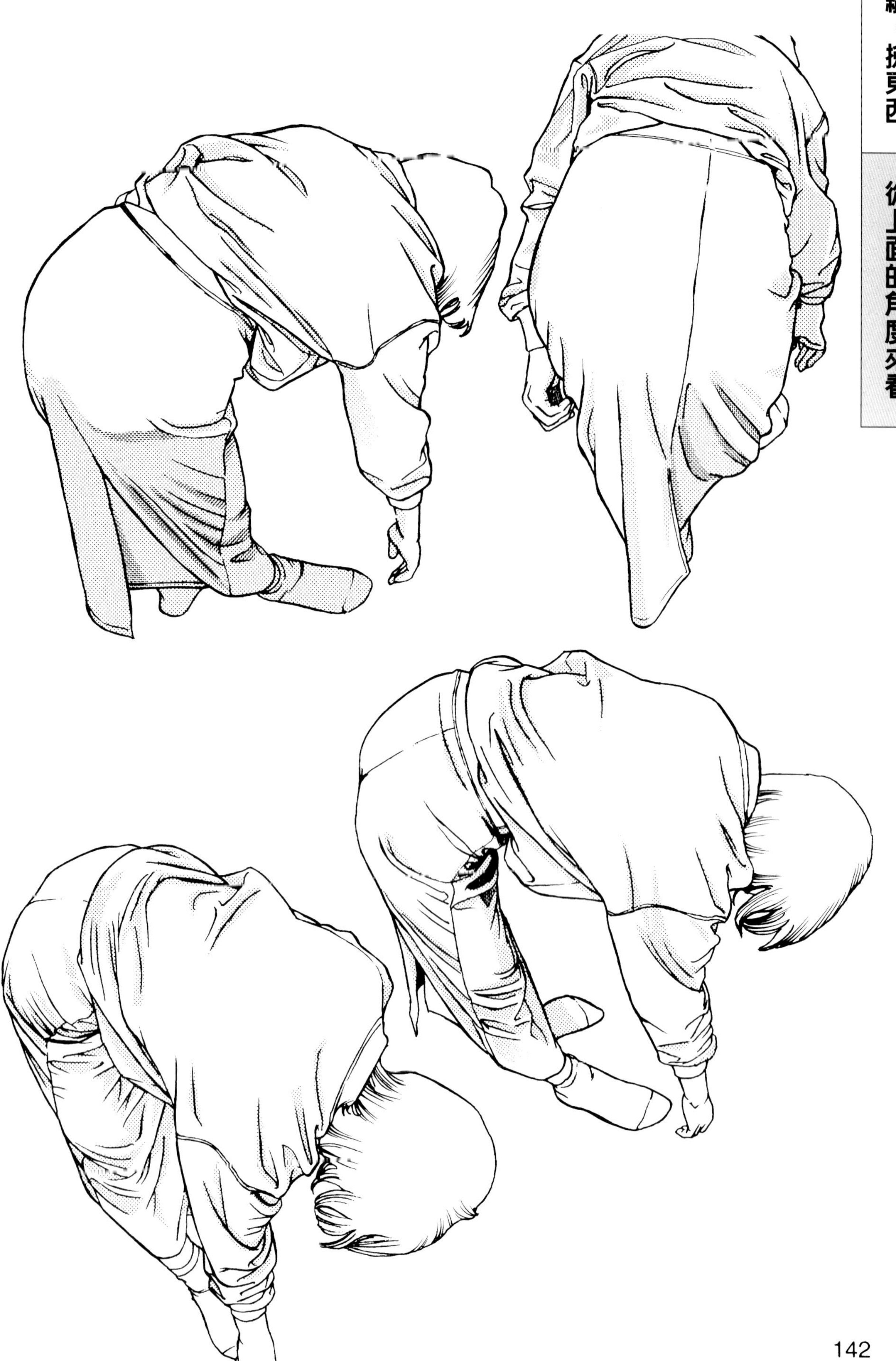

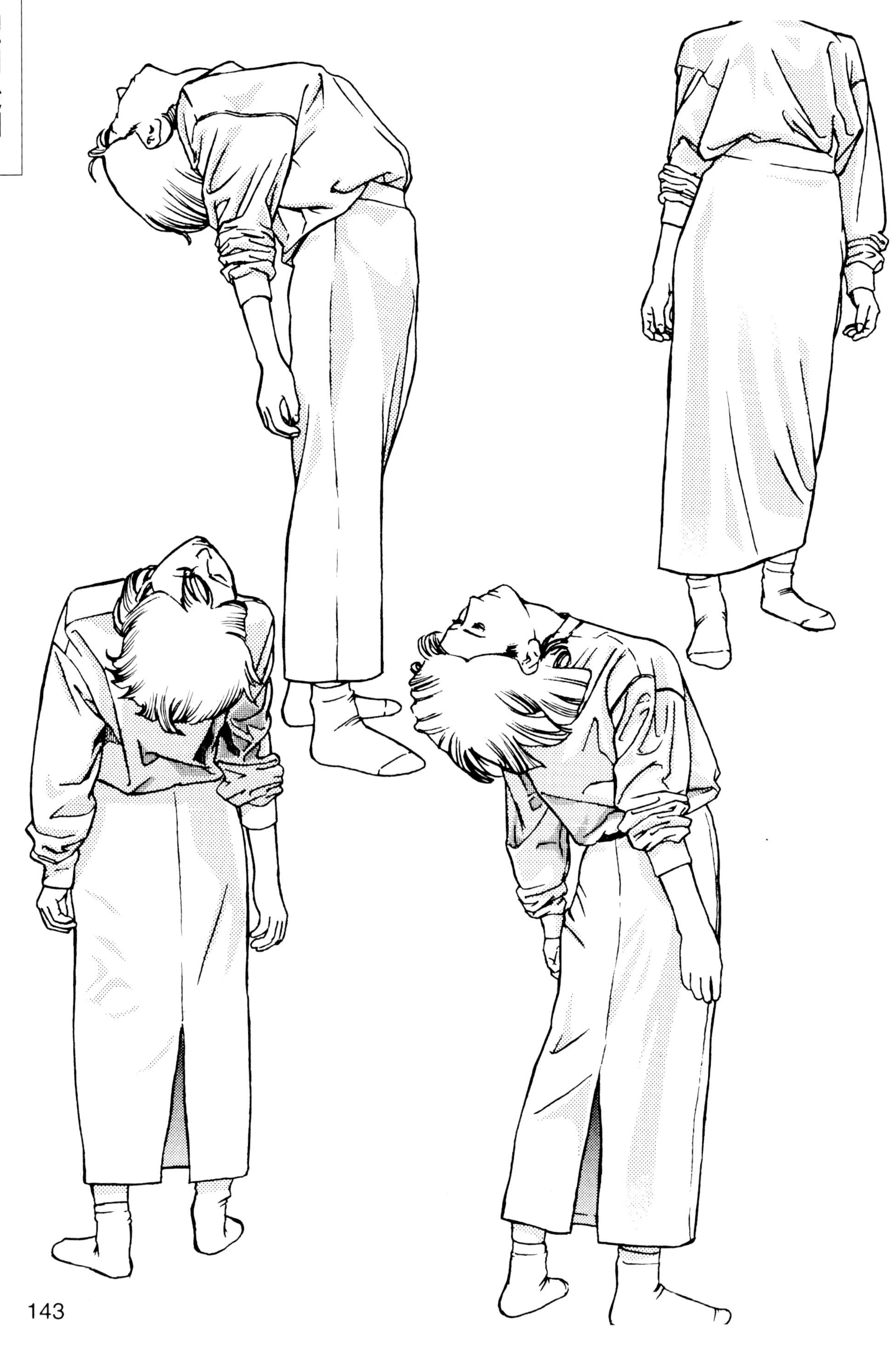

端正地跪坐

請看看長裙的變化。

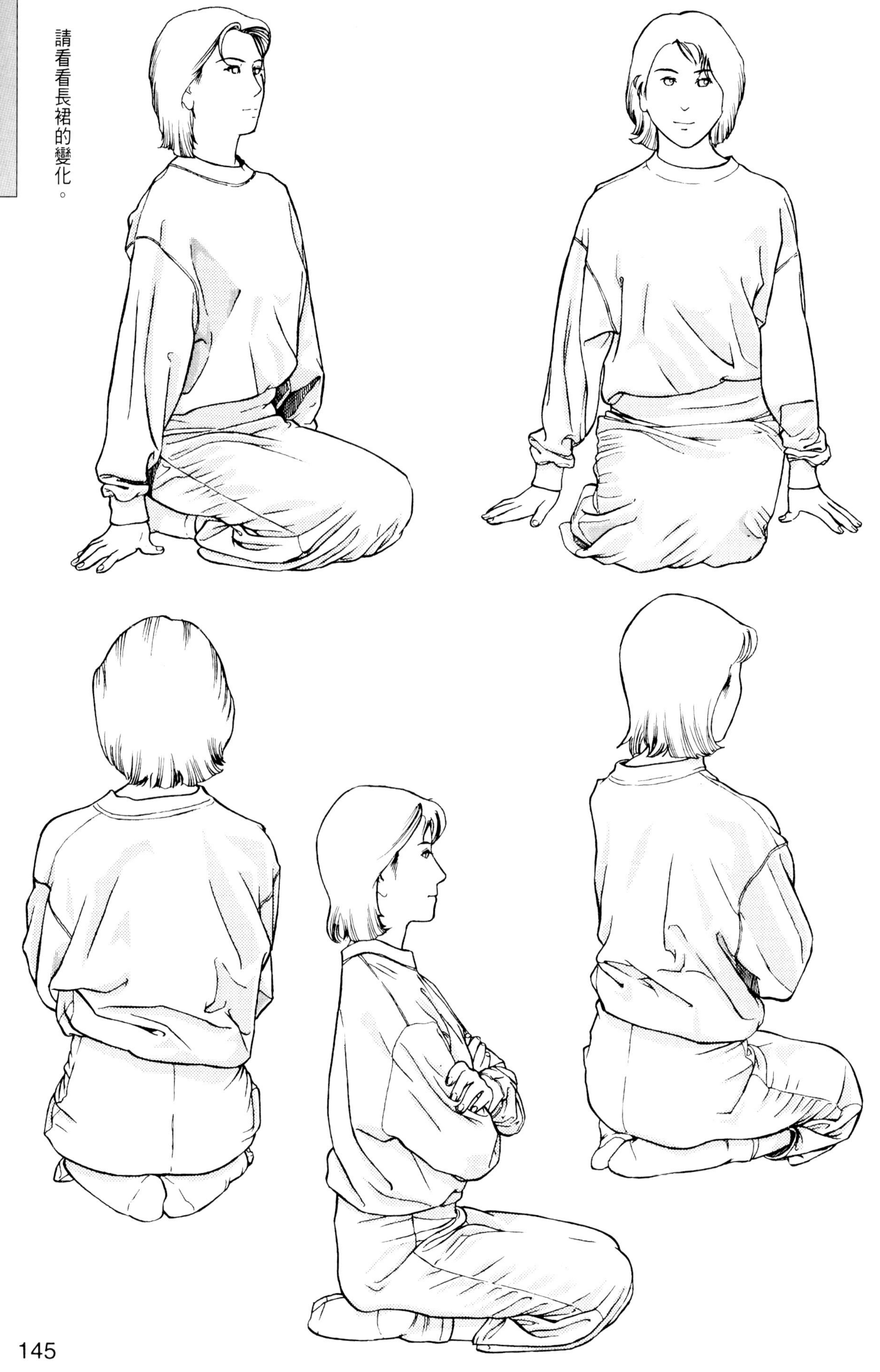

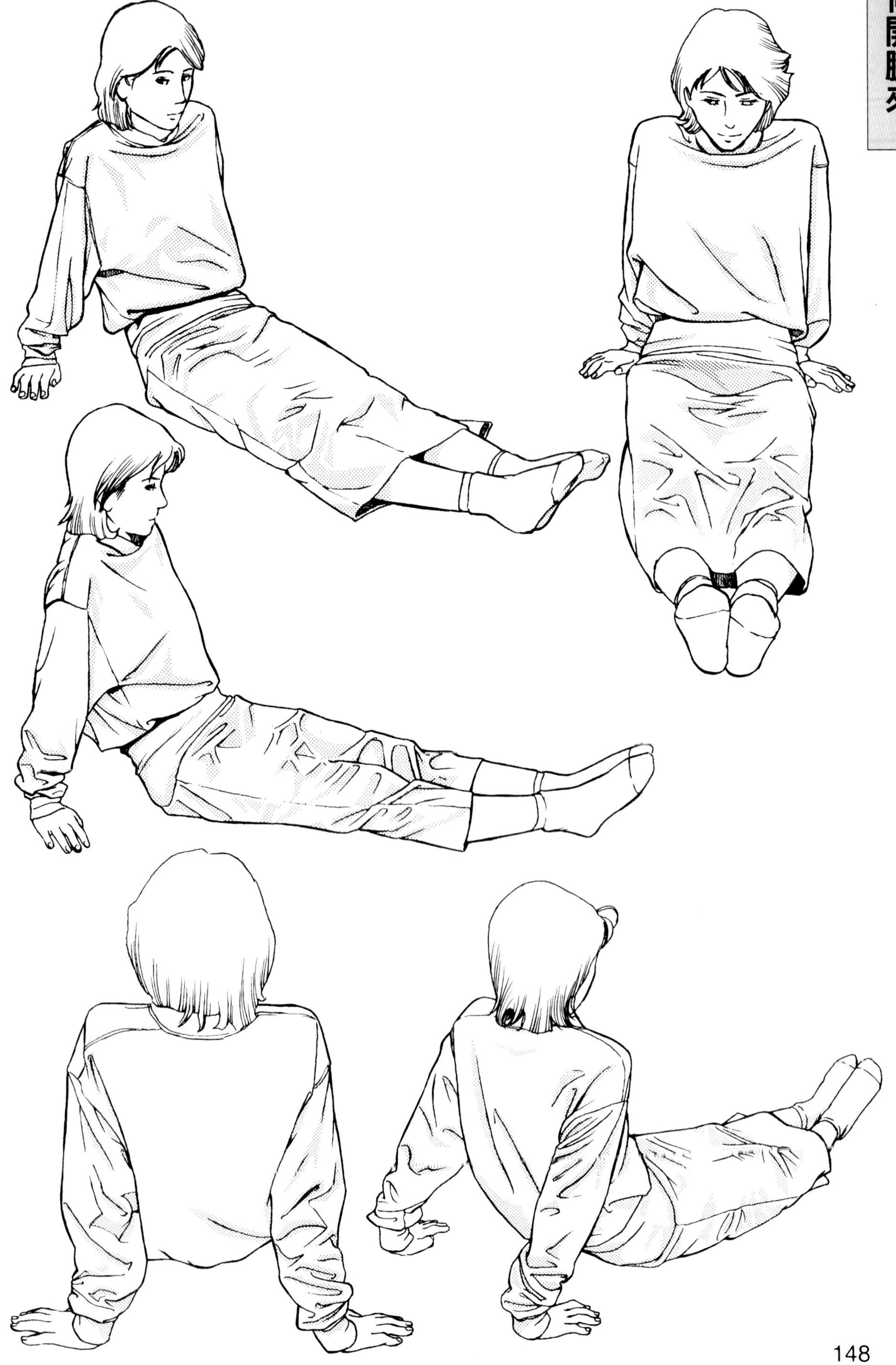

彎著膝蓋坐著

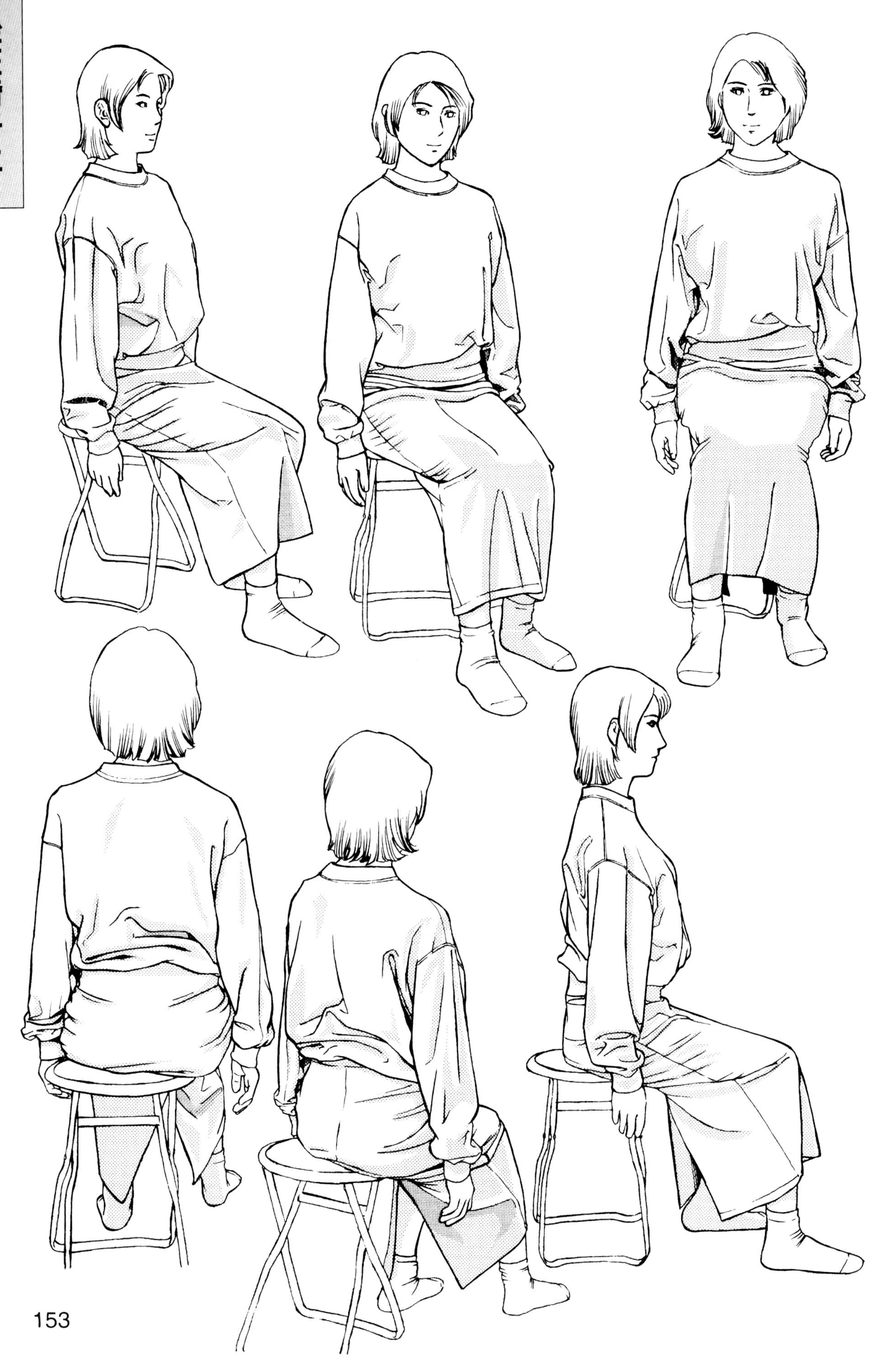

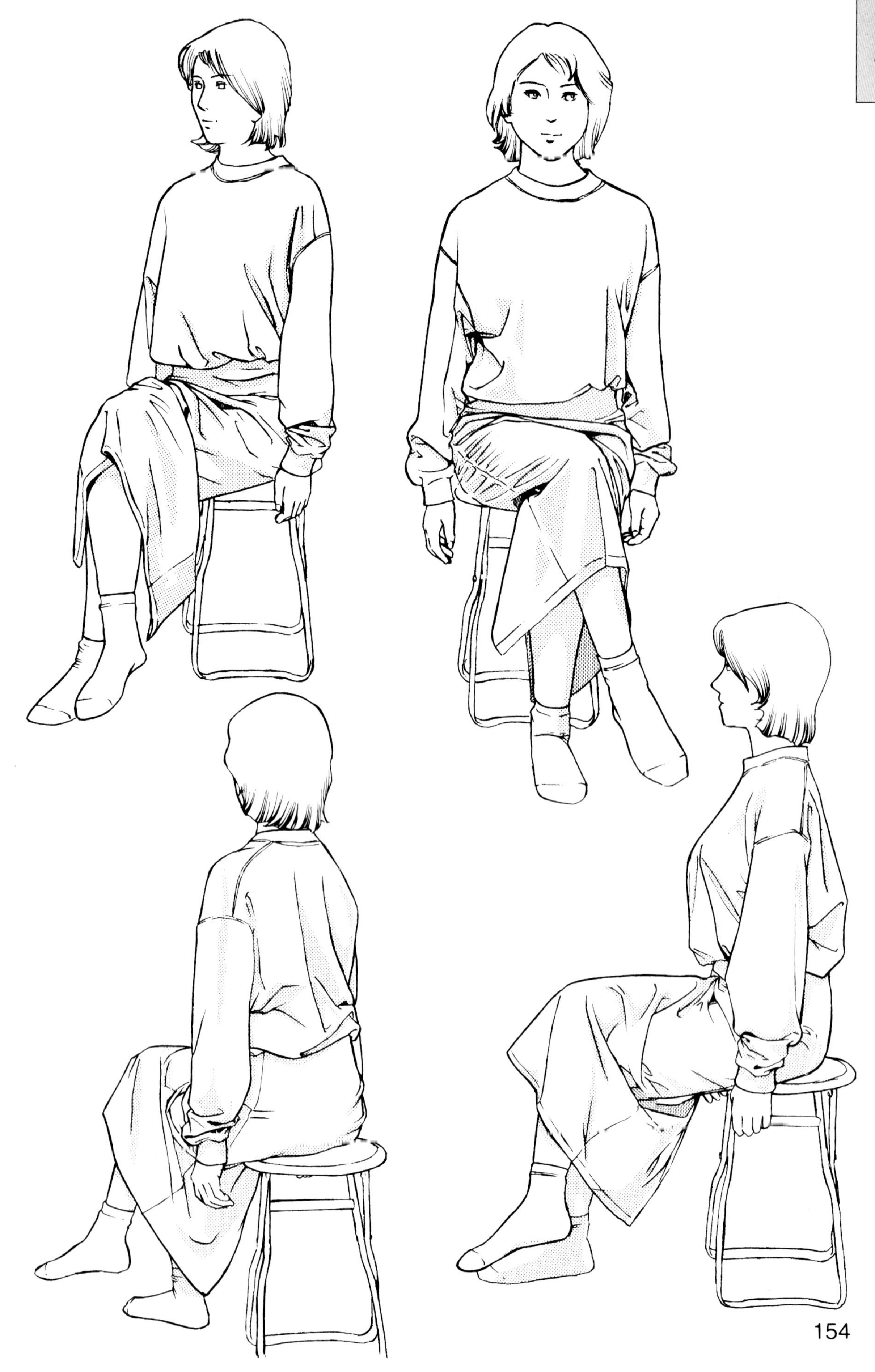

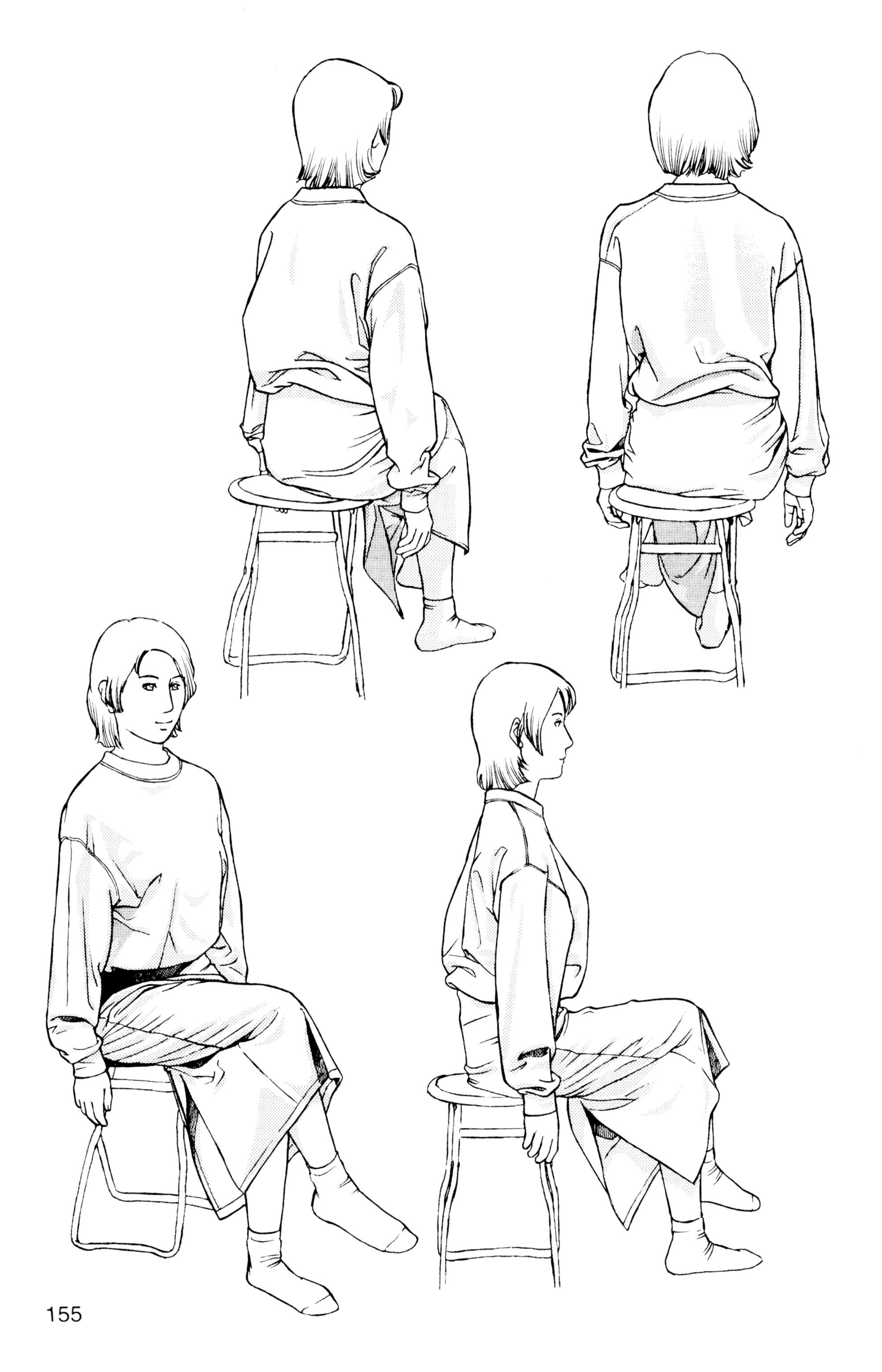

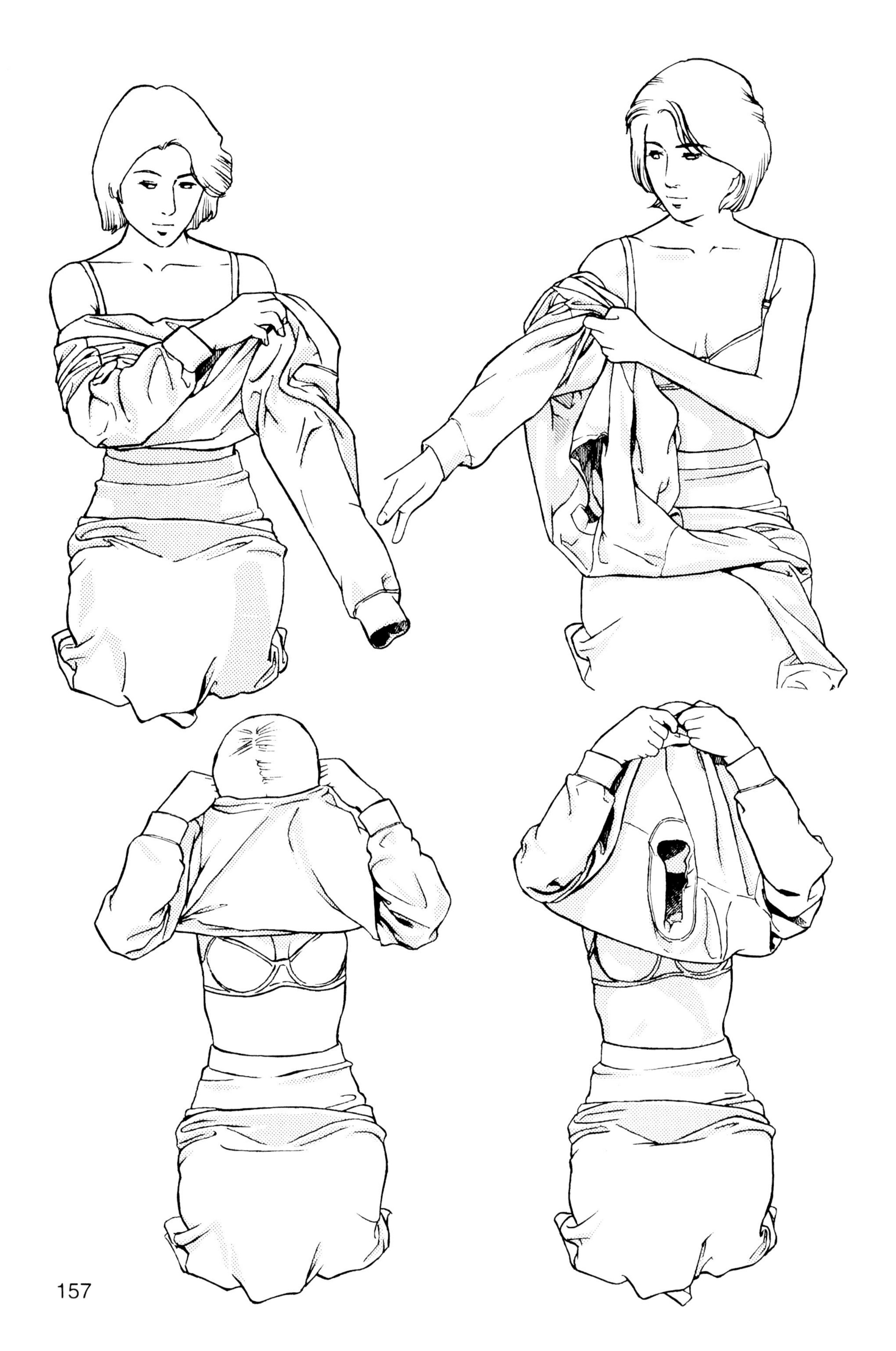

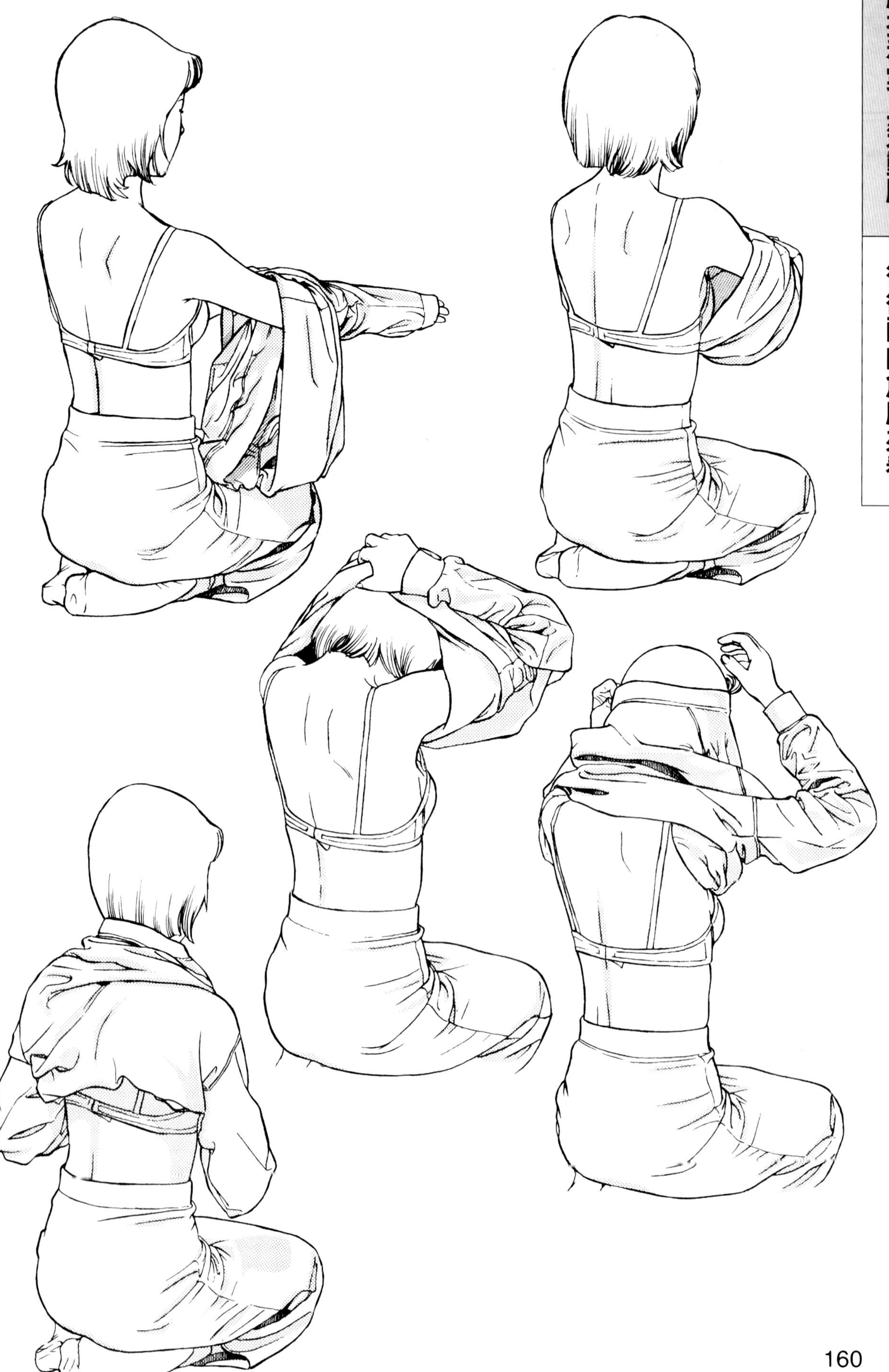

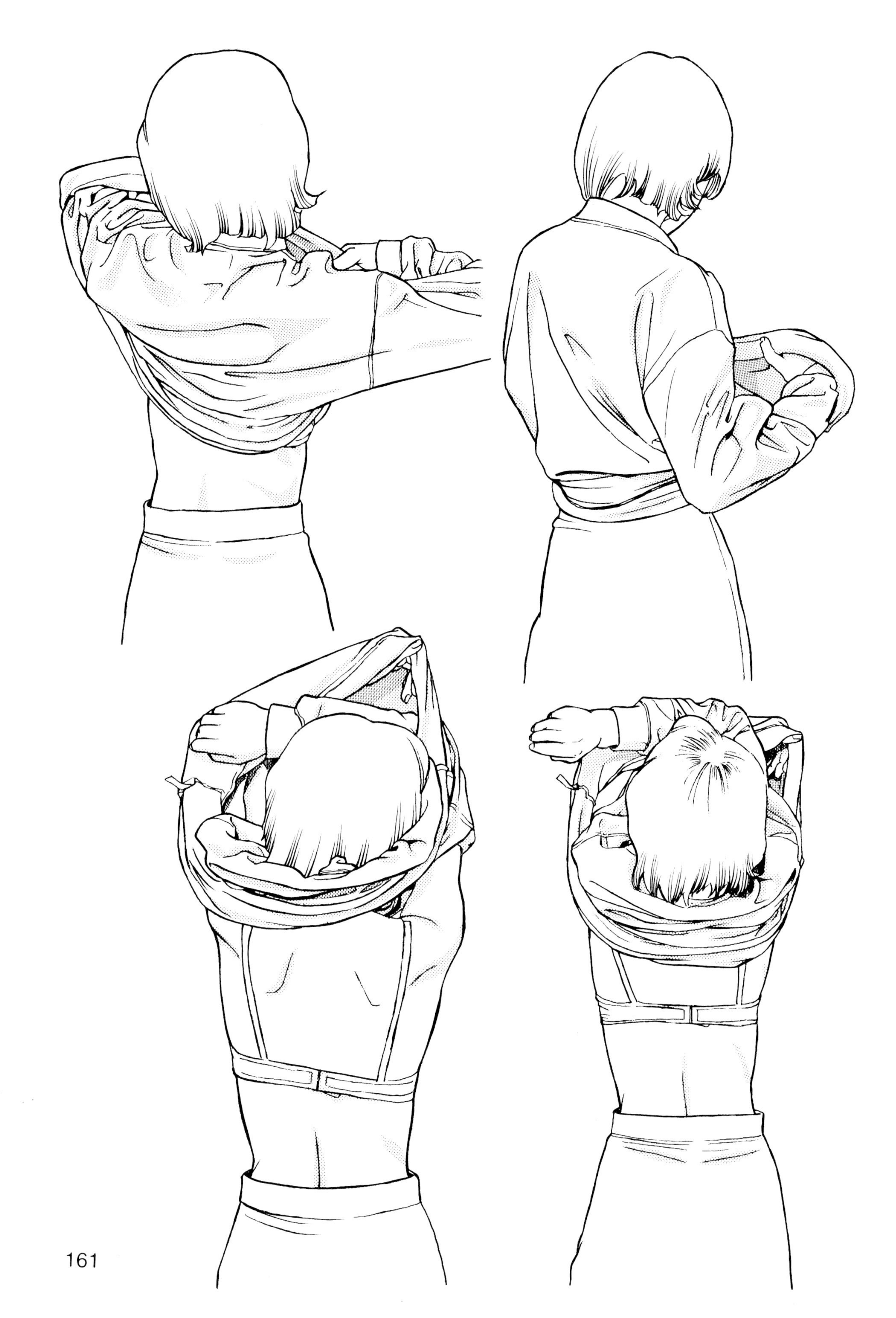

新形象出版圖書目錄

郵撥：0510716-5 陳偉賢
TEL:9207133・9278446 FAX:9290713 地址：北縣中和市中和路322號8Ｆ之1

一、美術設計

代碼	書名	編著者	定價
1-01	新挿畫百科(上)	新形象	400
1-02	新挿畫百科(下)	新形象	400
1-03	平面海報設計專集	新形象	400
1-05	藝術・設計的平面構成	新形象	380
1-06	世界名家挿畫專集	新形象	600
1-07	包裝結構設計		400
1-08	現代商品包裝設計	鄧成連	400
1-09	世界名家兒童挿畫專集	新形象	650
1-10	商業美術設計(平面應用篇)	陳孝銘	450
1-11	廣告視覺媒體設計	謝蘭芬	400
1-15	應用美術・設計	新形象	400
1-16	挿畫藝術設計	新形象	400
1-18	基礎造形	陳寬祐	400
1-19	產品與工業設計(1)	吳志誠	600
1-20	產品與工業設計(2)	吳志誠	600
1-21	商業電腦繪圖設計	吳志誠	500
1-22	商標造形創作	新形象	350
1-23	挿圖彙編(事物篇)	新形象	380
1-24	挿圖彙編(交通工具篇)	新形象	380
1-25	挿圖彙編(人物篇)	新形象	380

二、POP廣告設計

代碼	書名	編著者	定價
2-01	精緻手繪POP廣告1	簡仁吉等	400
2-02	精緻手繪POP2	簡仁吉	400
2-03	精緻手繪POP字體3	簡仁吉	400
2-04	精緻手繪POP海報4	簡仁吉	400
2-05	精緻手繪POP展示5	簡仁吉	400
2-06	精緻手繪POP應用6	簡仁吉	400
2-07	精緻手繪POP變體字7	簡志哲等	400
2-08	精緻創意POP字體8	張麗琦等	400
2-09	精緻創意POP挿圖9	吳銘書等	400
2-10	精緻手繪POP畫典10	葉辰智等	400
2-11	精緻手繪POP個性字11	張麗琦等	400
2-12	精緻手繪POP校園篇12	林東海等	400
2-16	手繪POP的理論與實務	劉中興等	400

三、圖學、美術史

代碼	書名	編著者	定價
4-01	綜合圖學	王鍊登	250
4-02	製圖與議圖	李寬和	280
4-03	簡新透視圖學	廖有燦	300
4-04	基本透視實務技法	山城義彥	300
4-05	世界名家透視圖全集	新形象	600
4-06	西洋美術史(彩色版)	新形象	300
4-07	名家的藝術思想	新形象	400

四、色彩配色

代碼	書名	編著者	定價
5-01	色彩計劃	賴一輝	350
5-02	色彩與配色(附原版色票)	新形象	750
5-03	色彩與配色(彩色普級版)	新形象	300

五、室內設計

代碼	書名	編著者	定價
3-01	室內設計用語彙編	周重彥	200
3-02	商店設計	郭敏俊	480
3-03	名家室內設計作品專集	新形象	600
3-04	室內設計製圖實務與圖例(精)	彭維冠	650
3-05	室內設計製圖	宋玉眞	400
3-06	室內設計基本製圖	陳德貴	350
3-07	美國最新室內透視圖表現法1	羅啓敏	500
3-13	精緻室內設計	新形象	800
3-14	室內設計製圖實務(平)	彭維冠	450
3-15	商店透視-麥克筆技法	小掠勇記夫	500
3-16	室內外空間透視表現法	許正孝	480
3-17	現代室內設計全集	新形象	400
3-18	室內設計配色手册	新形象	350
3-19	商店與餐廳室內透視	新形象	600
3-20	橱窗設計與空間處理	新形象	1200
8-21	休閒俱樂部・酒吧與舞台設計	新形象	1200
3-22	室內空間設計	新形象	500
3-23	橱窗設計與空間處理(平)	新形象	450
3-24	博物館&休閒公園展示設計	新形象	800
3-25	個性化室內設計精華	新形象	500
3-26	室內設計&空間運用	新形象	1000
3-27	萬國博覽會&展示會	新形象	1200
3-28	中西傢俱的淵源和探討	謝蘭芬	300

六、SP行銷・企業識別設計

代碼	書名	編著者	定價
6-01	企業識別設計	東海・麗琦	450
6-02	商業名片設計(一)	林東海等	450
6-03	商業名片設計(二)	張麗琦等	450
6-04	名家創意系列①識別設計	新形象	1200

七、造園景觀

代碼	書名	編著者	定價
7-01	造園景觀設計	新形象	1200
7-02	現代都市街道景觀設計	新形象	1200
7-03	都市水景設計之要素與概念	新形象	1200
7-04	都市造景設計原理及整體概念	新形象	1200
7-05	最新歐洲建築設計	石金城	1500

八、廣告設計、企劃

代碼	書名	編著者	定價
9-02	CI與展示	吳江山	400
9-04	商標與CI	新形象	400
9-05	CI視覺設計(信封名片設計)	李天來	400
9-06	CI視覺設計(DM廣告型錄)(1)	李天來	450
9-07	CI視覺設計(包裝點線面)(1)	李天來	450
9-08	CI視覺設計(DM廣告型錄)(2)	李天來	450
9-09	CI視覺設計(企業名片吊卡廣告)	李天來	450
9-10	CI視覺設計(月曆PR設計)	李天來	450
9-11	美工設計完稿技法	新形象	450
9-12	商業廣告印刷設計	陳穎彬	450
9-13	包裝設計點線面	新形象	450
9-14	平面廣告設計與編排	新形象	450
9-15	CI戰略實務	陳木村	
9-16	被遺忘的心形象	陳木村	150
9-17	CI經營實務	陳木村	280
9-18	綜藝形象100序	陳木村	

九、繪畫技法

代碼	書名	編著者	定價
8-01	基礎石膏素描	陳嘉仁	380
8-02	石膏素描技法專集	新形象	450
8-03	繪畫思想與造型理論	朴先圭	350
8-04	魏斯水彩畫專集	新形象	650
8-05	水彩靜物圖解	林振洋	380
8-06	油彩畫技法1	新形象	450
8-07	人物靜物的畫法2	新形象	450
8-08	風景表現技法3	新形象	450
8-09	石膏素描表現技法4	新形象	450
8-10	水彩・粉彩表現技法5	新形象	450
8-11	描繪技法6	葉田園	350
8-12	粉彩表現技法7	新形象	400
8-13	繪畫表現技法8	新形象	500
8-14	色鉛筆描繪技法9	新形象	400
8-15	油畫配色精要10	新形象	400
8-16	鉛筆技法11	新形象	350
8-17	基礎油畫12	新形象	450
8-18	世界名家水彩(1)	新形象	650
8-19	世界水彩作品專集(2)	新形象	650
8-20	名家水彩作品專集(3)	新形象	650
8-21	世界名家水彩作品專集(4)	新形象	650
8-22	世界名家水彩作品專集(5)	新形象	650
8-23	壓克力畫技法	楊恩生	400
8-24	不透明水彩技法	楊恩生	400
8-25	新素描技法解說	新形象	350
8-26	畫鳥・話鳥	新形象	450
8-27	噴畫技法	新形象	550
8-28	藝用解剖學	新形象	350
8-30	彩色墨水畫技法	劉興治	400
8-31	中國畫技法	陳永浩	450
8-32	千嬌百態	新形象	450
8-33	世界名家油畫專集	新形象	650
8-34	挿畫技法	劉芷芸等	450
8-35	實用繪畫範本	新形象	400
8-36	粉彩技法	新形象	400
8-37	油畫基礎畫	新形象	400

十、建築、房地產

代碼	書名	編著者	定價
10-06	美國房地產買賣投資	解時村	220
10-16	建築設計的表現	新形象	500
10-20	寫實建築表現技法	濱脇普作	400

十一、工藝

代碼	書名	編著者	定價
11-01	工藝概論	王銘顯	240
11-02	籐編工藝	龐玉華	240
11-03	皮雕技法的基礎與應用	蘇雅汾	450
11-04	皮雕藝術技法	新形象	400
11-05	工藝鑑賞	鐘義明	480
11-06	小石頭的動物世界	新形象	350
11-07	陶藝娃娃	新形象	280
11-08	木彫技法	新形象	300
11－18	DIY①－美勞篇	新形象	450
11－19	談紙神工	紀勝傑	450
11－20	DIY②－工藝篇	新形象	450
11－21	DIY③－風格篇	新形象	450
11－22	DIY④－綜合媒材篇	新形象	450
11－23	DIY⑤－札貨篇	新形象	450
11－24	DIY⑥－巧飾篇	新形象	450
11－26	織布風雲	新形象	400
11－27	鐵的代誌	新形象	400
11－31	機械主義	新形象	400

十二、幼教叢書

代碼	書名	編著者	定價
12-02	最新兒童繪畫指導	陳穎彬	400
12-03	童話圖案集	新形象	350
12-04	教室環境設計	新形象	350
12-05	教具製作與應用	新形象	350

十三、攝影

代碼	書名	編著者	定價
13-01	世界名家攝影專集(1)	新形象	650
13-02	繪之影	曾崇詠	420
13-03	世界自然花卉	新形象	400

十四、字體設計

代碼	書名	編著者	定價
14-01	阿拉伯數字設計專集	新形象	200
14-02	中國文字造形設計	新形象	250
14-03	英文字體造形設計	陳穎彬	350

十五、服裝設計

代碼	書名	編著者	定價
15-01	蕭本龍服裝畫(1)	蕭本龍	400
15-02	蕭本龍服裝畫(2)	蕭本龍	500
15-03	蕭本龍服裝畫(3)	蕭本龍	500
15-04	世界傑出服裝畫家作品展	蕭本龍	400
15-05	名家服裝畫專集1	新形象	650
15-06	名家服裝畫專集2	新形象	650
15-07	基礎服裝畫	蔣愛華	350

十六、中國美術

代碼	書名	編著者	定價
16-01	中國名畫珍藏本		1000
16-02	沒落的行業一木刻專輯	楊國斌	400
16-03	大陸美術學院素描選	凡 谷	350
16-04	大陸版畫新作選	新形象	350
16-05	陳永浩彩墨畫集	陳永浩	650

十七、其他

代碼	書名	定價
X0001	印刷設計圖案(人物篇)	380
X0002	印刷設計圖案(動物篇)	380
X0003	圖案設計(花木篇)	350
X0004	佐滕邦雄(動物描繪設計)	450
X0005	精細挿畫設計	550
X0006	透明水彩表現技法	450
X0007	建築空間與景觀透視表現	500
X0008	最新噴畫技法	500
X0009	精緻手繪POP挿圖(1)	300
X0010	精緻手繪POP挿圖(2)	250
X0011	精細動物挿畫設計	450
X0012	海報編輯設計	450
X0013	創意海報設計	450
X0014	實用海報設計	450
X0015	裝飾花邊圖案集成	380
X0016	實用聖誕圖案集成	380

衣服的畫法—便服篇

定價：400元

出版者：新形象出版事業有限公司
負責人：陳偉賢
地　址：台北縣中和市中和路322號8F之1
電　話：29207133・29278446
F A X：29290713

原　著：漫畫技巧研究會
編譯者：新形象
發行人：顏義勇
總策劃：范一豪
文字編輯：賴國平、吳明鴻
封面設計：黃筱晴

總代理：北星圖書事業股份有限公司
地　址：台北縣永和市中正路462號5F
門　市：北星圖書事業股份有限公司
地　址：永和市中正路498號
電　話：29229000
F A X：29229041
郵　撥：0544500-7北星圖書帳戶
印刷所：皇甫彩藝印刷股份有限公司
製版所：興旺彩色印刷製版有限公司

行政院新聞局出版事業登記證／局版台業字第3928號
經濟部公司執照／76建三辛字第214743號

西元2000年10月 第一版第一刷

國家圖書館出版品預行編目資料

衣服的畫法.便服篇／漫畫技巧研究會原著；
新形象編譯.--第一版。--臺北縣中和市：
新形象，2000［民89］
面；　公分
ISBN 957-9679-84-3（平裝）
1.服裝 - 設計-漫畫與卡通
423.2　　89009955